ガウスの黄金定理

平方剰余の相互法則で語る数論の世界

西来路文朗
清水健一 著

ブルーバックス

カバー装幀／五十嵐徹（芦澤泰偉事務所）
カバーイラスト／柳智之
部扉写真／ Georgios Kollidas-stock.adobe.com
本文デザイン／鈴木知哉＋あざみ野図案室

はじめに

　歴史上最大の数学者の一人であるカール・フリードリヒ・ガウス（1777–1855）は，日記の中で「黄金定理」（ラテン語で theorematis aurei）という定理を記しています。この日記は，1796 年，18 歳のときから 1814 年までの間に自らの研究の記録を記したものです。ガウスが「黄金」とよんだ定理の中に，どのような真理が秘められているのでしょうか。また，ガウスはなぜ黄金定理と名づけたのでしょうか。

　本書は，ガウスが黄金定理とよんだ「平方剰余の相互法則」について解説したものです。

　黄金定理は，素数についての驚くべき法則です。素数の問題の中には，隣り合う奇数がともに素数である素数の組——双子素数——が無数に存在するかとか，4 以上の偶数がすべて 2 つの素数の和で書けるだろうという予想——ゴールドバッハの予想——など，小学生，中学生にも問題の意味がわかる未解決の問題があります。このような問題を知って，素数に興味を感じている人は少なくないと思います。

　素数がどのように存在しているかという問題の多くは，未知の神秘の世界の中にあります。しかし一方，多項式の表す数の素因数の世界に目を向けると，そこに存在している数々の美しい神秘的な法則を知ることができます。その 1 つが黄金定理です。

　本書は，黄金定理の魅力をわかりやすく伝えたいという思いをもって書きました。黄金定理そのものがどのような法則

であるかを知ることは，そんなに難しくありません。しかし，その魅力ある姿は容易には見えてきません。

数学の定理には，一目見てそのすばらしさを感じる定理があります。一方，最初はそのすばらしさがわからないものの，しだいに魅力あふれる姿が見えてくる定理があります。黄金定理は，まさに後者の定理です。

著者たちもかつては，黄金定理のすばらしさを知ろうとして勉強しましたが，この定理のどこが黄金なのかがわかりませんでした。しかし，数論を勉強して，数の世界のことを深く知るにつれ，黄金定理のさまざまな見方を知り，この定理のすばらしさを少しずつ実感してきたという経験があります。

黄金定理の奥には，代数的な構造が秘められています。しかし，代数的な構造にまで触れて黄金定理を語るのは本書のレベルを超えますし，専門書になってしまいます。予備知識を必要としない範囲で，黄金定理のすばらしさを少しでも伝えたいと，内容を工夫しました。

著者たちが工夫したのは次の点です。

黄金定理にいたる準備が長くなれば，そこに行きつくまでに息切れしてしまいます。したがって，黄金定理をまず提示して，黄金定理を実際に使って計算をするなかで，黄金定理を知ってもらうことを第一の目標としました。そして，定理を具体的な数値で確認できるようにした後で，そのもっている意味を解説しました。

使われる命題や定理の証明はせず，具体例でその意味や成り立つことの確認をするようにしました。証明を書くのはほぼ黄金定理に絞っています。それも完全な証明ではありませんが，どのように証明できるかという核心のところは説明し

ています。

　次に，黄金定理の発見の歴史，証明の経緯に触れることを第二の目標としました。しかし，歴史は正確につかみきれないところもあり，文献による違いもあります。いろいろな文献を参照して，通説と考えられるものを採用しました。

　本書は 10 章からなっています。内容を大きく分けると，第 1 部が黄金定理の解説，第 2 部が歴史とガウスの研究，第 3 部が証明とその後の発展になります。

　第 1 章から第 3 章までで，黄金定理がどのようなものであるかを解説しています。さまざまな概念が出てきますので，これらの関係がよく理解できるよう，わかりやすさを重視して繰り返し解説をしています。

　第 4 章，第 5 章で黄金定理発見の歴史について述べています。

　第 6 章で少年期，青年期のガウスとその数学について述べています。

　第 7 章はガウスの定義した合同式を説明し，合同式の観点からこれまで述べた事柄を見直しています。

　第 8 章，第 9 章で黄金定理の証明を解説しました。数え方にもよりますが，ガウスは 7 通りの証明を考えています。第 8 章では，ガウスの証明の流れと，ガウス和の紹介，ガウス和による第 4 証明を解説しています。高度な内容ですが，高校生にもわかるように解説したつもりです。

　第 9 章では，おもに数学的帰納法による第 1 証明，2 次形式を用いる第 2 証明，ガウスの補題による第 3 証明を解説しています。

　第 10 章は，4 乗剰余の相互法則やその後の発展の概略を

紹介しました。

　第8章，第9章，第10章は内容が独立しているので，どこから読んでも理解できますし，第9章の3つの証明もどれから読んでも理解できます。

　本書全体を通して，黄金定理に関わってきた数学者たちの直接の声を伝えるべく，多くの文献から引用をしています。とくに高瀬正仁氏によるガウスの文献の翻訳からは，多くの引用をさせていただきました。

　数の世界を知るにつれて，黄金定理のすばらしさがわかってきたと書きました。著者たちは本書を書き進むうちに，よくわかっていると思っていた黄金定理について，改めてその奥深さやすばらしさを再認識しました。

　本書を通じて，いちばん黄金定理を勉強したのは著者たちであるかもしれません。このような機会を与えてくださった講談社ブルーバックス編集部の倉田卓史さんに，心より感謝の意を伝えたいと思います。

2023年10月吉日

著者

もくじ

第**3**部　黄金定理を証明する　167

第1部
「ガウスの黄金定理」とはなにか

Carolus Fridericus Gauss

$$\left(\frac{p}{q}\right)\left(\frac{q}{p}\right) = (-1)^{\frac{p-1}{2}\cdot\frac{q-1}{2}}$$

Theorematis Aurei

黄金定理とはどのような定理でしょうか。

p, q を互いに異なる奇数の素数とするとき,

$$\left(\frac{p}{q}\right)\left(\frac{q}{p}\right) = (-1)^{\frac{p-1}{2}\cdot\frac{q-1}{2}}$$

が成り立つ。

これが,ガウスが**黄金定理**とよんだ素数についての法則です。2つの素数 p, q が対称に配置された美しい形をしています。この定理は,一般に「平方剰余の相互法則」とよばれています。

黄金定理はオイラー（1707–1783）が発見し,ルジャンドル（1752–1833）が証明に挑戦し,ガウスが完全な証明を与えました。驚くべきことに,ガウスの証明は,18歳のときのことです。

しかも,ガウスは黄金定理を発見した頃,先人の文献に触れる機会がありませんでした。ガウスは先人の研究とは独立に,ひとりで法則を発見し,ひとりで証明したのです。

ガウスは1801年,24歳のときに大著『数論研究』を出版しました。「平方剰余の理論における基本定理」として黄金定理を紹介し,この著書の中で2通りの証明を与えています。

　ガウスは，この定理を黄金の鉱脈と考えていて，生涯をかけて，7 通りの証明を与えました。この定理はいったい何を表しているのでしょう。そして，どこが「黄金」なのでしょう。

　本書を通じて，ガウスや黄金定理について説明していきます。

　第 1 章では，

$$\left(\frac{p}{q}\right), \quad \left(\frac{q}{p}\right)$$

という記号が何を表しているのかを説明します。

　まず，素数の話から始めましょう。

1.1　気まぐれな素数

$$1, \quad 2, \quad 3, \quad 4, \quad 5, \quad \cdots$$

と続く自然数には，さまざまな性質があります。この自然数の中でひときわ神秘的なふるまいをする数があります。それが**素数**です。素数とは，1 と自分自身以外に約数をもたない，1 より大きな自然数のことをいいます。

　たとえば，20 未満の素数は

$$2, \quad 3, \quad 5, \quad 7, \quad 11, \quad 13, \quad 17, \quad 19$$

です。

　どのような自然数も素数の積に分解できます。たとえば 12 は

$$12 = 2 \times 6 = 2 \times 2 \times 3 = 2^2 \times 3$$

のように分解でき，

$$12 = 3 \times 4 = 3 \times 2 \times 2 = 2^2 \times 3$$

のようにも分解できます。途中の分解はいろいろな仕方でできますが，どのように分解しても，最後は順序を除いてひと通りの素数の積に分解できます。このような分解を**素因数分解**といいます。

　　自然数は順序を除いてひと通りに素因数分解できる。

　この事実は，自然数における素数が自然界における原子にあたる大切な存在であることを示しています。古代ギリシャ時代の数学者ユークリッド（B.C.330?–275?〈生没年不詳とする説も〉）が著書『原論』の中で証明を書いています。

　ユークリッドがどのような数学者であったかはよくわかっていません。『原論』は幾何学についての内容が多く書かれていますが，数についても多くの記述があります。定義と公理から組み立てる理論体系は，ユークリッド以後の数学の模範になっています。

　素数は 2, 3, 5, 7, ⋯ と続きます。素数はいくらでも存在するのでしょうか。ユークリッドは『原論』の中で，素数が無数に存在することを証明しています。

　では，自然数の中で素数はどのように分布しているのでしょうか。

1, **2**, **3**, 4, **5**, 6, **7**, 8, 9, 10, **11**, 12, **13**, 14, 15, $\cdots$

の中で，太字で書いた数が素数です。じつは，これらの素数が自然数の中でどのような位置にあるのかはよくわかっていません。つまり，数列としての素数の一般項はわかっていません。

素数を眺めていると，3 と 5，5 と 7，11 と 13 などのように，隣り合う奇数がともに素数である組が，実験的にいくらでも見つかります。このような素数を**双子素数**といいます。双子素数が無数に存在するかどうかはわかっていません。

素数は，双子素数のように連続して現れるかと思うと，

$$(n+1)! + 2, \quad (n+1)! + 3, \quad \cdots, \quad (n+1)! + (n+1)$$

のような n 個の連続する合成数をはさんで現れます。つまり，隣り合う素数の間隔がいくらでも長いところがあります。

素数は気まぐれで，自然数の中でどのように姿を現すかは未知の世界です。しかし，その現れ方がまったくわからないかというと，そうでもありません。その姿を垣間見ることができます。

たとえば，2 以上の自然数 n に対して

n と $2n$ の間に素数が必ず存在する

ことがわかっています。この事実は 19 世紀の半ば，ガウスの晩年の頃にロシアの数学者チェビシェフ（1821–1894）によって証明がなされました。

素数列の一般項がわからないので，n 以下の素数の個数が

どのようになるのか，正確に述べることはできません。しかし，ガウスは 15 歳か 16 歳のときに，n の近くの素数の割合が

$$\frac{1}{\log n}$$

にほぼ等しいことを発見しました。

$\log n$ は自然対数です。素数がどのように現れてくるかがこのような初等的な関数に関係するのは驚きです。この発見はのちに，「素数定理」とよばれる素数の個数に関する定理として結実します。しかし，このことが証明されたのはガウスによる発見の約 100 年後，19 世紀末のことです。詳しいことは 6.3 節で説明します。

個々の素数の姿をとらえることができないのに，自然数全体の中で素数がどのように存在しているかがわかるのはふしぎなことです。

素数が無数に存在することはユークリッドが示しましたが，特殊な形の素数が無数に存在するかどうかは難しい問題です。このような問題の中で，1 次式で表される素数，たとえば $4n+1$ で表される数を眺めてみると

5, 9, **13**, **17**, 21, 25, **29**, 33, **37**, **41**, 45, 49, **53**, $\cdots$

となり，太字が素数です。そしてこの中に，素数が無数に存在することがわかっています。19 世紀に

> 自然数 a と b が互いに素であるとき，1 次式 $an+b$
> で表される素数は無数に存在する

ことが証明されています。

　しかし，次数が上がって，2 次式で表される素数が無数に存在するかどうかはまったくわかっていません。2 次式 $n^2 + 1$ で表される素数が無数に存在するかどうかすら，未解決の難問です。

　また多項式でなく，$2^n - 1$ という形の素数も無数にあるかどうかはわかっていません。n と $2n$ の間に素数が存在することはわかっていますが，2 つの平方数 n^2 と $(n+1)^2$ の間に素数が存在するかどうかはわかっていません。

　以上のように，素数はじつに気まぐれで，その姿の一端をとらえることができても，またその姿を見失ってしまいます。

　素数がどのように存在しているか，その姿を見るのは難しいですが，ふしぎなことに，どの 2 つの素数を任意に選んでもお互いに深い関係をもっていることが知られています。これが素数の神秘的なところであり，多くの数学者をとらえて離さない素数の魅力です。

　そして，この深い関係こそが本書のテーマである黄金定理です。これからその美しい姿を少しずつ紹介していきましょう。

1.2　フェルマーの小定理

　この節では，素数のもっている性質について紹介します。

　ユークリッドは『原論』の中で，完全数について述べています。**完全数**とは

$$6 = 1 + 2 + 3$$

のように，自分自身を除く約数の和が自分自身に等しい数の

ことです。6 の次の完全数は 28 で，やはり

$$28 = 1 + 2 + 4 + 7 + 14$$

のように自分自身を除く約数の和になっています。ユークリッドは『原論』で完全数について，次の定理を示しています。

> 素数 p に対し，$2^p - 1$ が素数ならば $2^{p-1}(2^p - 1)$
> は完全数である。

たとえば，$p = 2$ のとき，$2^p - 1 = 2^2 - 1 = 3$ は素数であり，

$$2^{p-1}(2^p - 1) = 2^1 \cdot 3 = 6$$

が完全数になります。

また，$p = 3$ のとき，$2^p - 1 = 2^3 - 1 = 7$ は素数であり，

$$2^{p-1}(2^p - 1) = 2^2 \cdot 7 = 28$$

が完全数になります。

ユークリッドの定理から，$2^p - 1$ の形の素数を見つければ，完全数が見つかることがわかります。$2^p - 1$ の形の素数は**メルセンヌ素数**とよばれています。20 未満の素数 p について，$2^p - 1$ を計算すると，

3, 7, 31, 127, 2047, 8191, 131071, 524287

となります。このような指数関数的に大きくなる数が素数かどうかを判定することは，簡単ではありません。じつは，あ

とで示すように，上の数のうち，2047 だけが素数ではありません。

2^p − 1 の形の素数が無数にあるか，という問題は未解決の難問です。$2^p − 1$ の形の素数を見つける努力が現在も続けられています。

メルセンヌ (1588–1648) はこの探索に貢献したため，$2^p − 1$ の形の素数に彼の名前がつけられました。メルセンヌは当時の数学者，科学者たちと幅広く文通し，学問的な交流拠点の役割を果たしていました。

フェルマー (1607–1665) もまた，メルセンヌと交流をもっていた一人です。$2^p − 1$ の形の素数を研究する過程で，

> a を素数 p で割り切れない自然数とするとき，$a^{p−1}$
> を p で割った余りは 1 になる

ことを発見しました。この定理は**フェルマーの小定理**とよばれています。

フェルマーはこの定理を用いて，

$$2^p − 1 \text{ の素因数を } p \text{ で割ると } 1 \text{ 余る}$$

ことを示し，$2^p − 1$ の素因数分解の助けとしました。

たとえば，$p = 11$ のとき，$2^{11} − 1$ の素因数は 11 で割って 1 余る素数

$$11×2+1 = 23, \quad 11×6+1 = 67, \quad 11×8+1 = 89, \quad \cdots$$

の中から見出すことができます。実際，

$$2^{11} - 1 = 2047 = 23 \times 89$$

となります。

　フェルマーはフランスの数学者で，法律関係の仕事をしながら，生涯にわたって数学の研究を続けました。多くの数学の定理を発見しましたが，証明をほとんど書き残していなかったため，後世の数学者がその証明を完成しようとする過程で，新たな数学が進展していきました。

　フェルマーの小定理を例で確かめましょう。

　$p = 3$ とします。$p - 1 = 2$ です。3で割り切れない自然数の2乗（平方）

$$1^2, \quad 2^2, \quad 4^2, \quad 5^2, \quad 7^2, \quad 8^2, \quad \cdots$$

は，

$$1, \quad 4, \quad 16, \quad 25, \quad 49, \quad 64, \quad \cdots$$

であり，3で割ると余りは

$$1, \quad 1, \quad 1, \quad 1, \quad 1, \quad 1, \quad \cdots$$

です。

　$p = 5$ とします。$p - 1 = 4$ です。5で割り切れない自然数の4乗

$$1^4, \quad 2^4, \quad 3^4, \quad 4^4, \quad 6^4, \quad 7^4, \quad \cdots$$

は，

$$1, \quad 16, \quad 81, \quad 256, \quad 1296, \quad 2401, \quad \cdots$$

であり，5 で割ると余りは

$$1, \quad 1, \quad 1, \quad 1, \quad 1, \quad 1, \quad \cdots$$

です。

　$p = 7$ とします。$p - 1 = 6$ です。7 で割り切れない自然数の 6 乗

$$1^6, \quad 2^6, \quad 3^6, \quad 4^6, \quad 5^6, \quad 6^6, \quad \cdots$$

は，

$$1, \quad 64, \quad 729, \quad 4096, \quad 15625, \quad 46656, \quad \cdots$$

であり，7 で割ると余りは

$$1, \quad 1, \quad 1, \quad 1, \quad 1, \quad 1, \quad \cdots$$

です。ここで，4096, 15625, 46656 は，次のようになっています。確かに 7 で割ると 1 余ります。

$$4096 = 7 \times 585 + 1$$

$$15625 = 7 \times 2232 + 1$$

$$46656 = 7 \times 6665 + 1$$

　フェルマーの小定理は，その後の数論の発展に大きく寄与することになります。ガウスは，著書『数論研究』の中でフェルマーの小定理について述べ，

　　この定理は，一つにはその気品ある美しさのために，
　　また一つには際立った有用さのために，あらゆる角

度から注目するだけの値打ちがある。

（巻末の関連図書 [25] より。以下同じ）

と評しています。このあと，本書でもフェルマーの小定理が何度も登場します。ガウスのいう，際立った有用性の一端を感じていただけると思います。

1.3　数論の至宝 黄金定理

オイラーは，ゴールドバッハ（1690–1764）からフェルマーの研究を聞き，フェルマーの発見した定理の証明やその一般化，精密化をしています。

オイラーはスイスで生まれ，数学のあらゆる分野に貢献し，史上最も多産な数学者といわれています。数論においてはフェルマーの発見した定理の証明をおこない，微分積分学を数論に応用し，新たな地平を切りひらきました。

オイラーはフェルマーの小定理を精密に分析しました。フェルマーの小定理は，

a を素数 p で割り切れない自然数とするとき，p が $a^{p-1} - 1$ を割り切る

といいかえられます。p を奇数の素数とします。このとき，p は

$$a^{p-1} - 1 = (a^{\frac{p-1}{2}} - 1)(a^{\frac{p-1}{2}} + 1)$$

を割り切ります。p は素数だから，$a^{\frac{p-1}{2}} \pm 1$ のいずれかを割

り切ります。しかし，両方を割り切ることはありません。両方を割り切るとすると，p が

$$(a^{\frac{p-1}{2}} + 1) - (a^{\frac{p-1}{2}} - 1) = 2$$

を割り切ることになり，p が奇数であることに矛盾するからです。オイラーは

$$p \text{ が } a^{\frac{p-1}{2}} \pm 1 \text{ のいずれを割り切るか}$$

という問題を研究しました。この問いに答えるために，$a^{\frac{p-1}{2}}$ を p で割った余りを調べてみましょう。

　p が $a^{\frac{p-1}{2}} - 1$ を割り切るとき，$a^{\frac{p-1}{2}}$ を p で割ると余りが 1 になり，p が $a^{\frac{p-1}{2}} + 1$ を割り切るとき，$a^{\frac{p-1}{2}}$ を p で割ると余りが $p - 1$ になります。

> p を奇数の素数とします。a を p で割り切れない自然数とするとき，$a^{\frac{p-1}{2}}$ を p で割った余りは，a の値によってどのようになるでしょうか。

　$p = 3$ のとき，$\dfrac{p-1}{2} = 1$ なので，3 で割り切れない自然数 a の 1 乗

$$1, \quad 2, \quad 4, \quad 5, \quad 7, \quad 8, \quad \cdots$$

を 3 で割ると，余りは

$$1, \quad 2, \quad 1, \quad 2, \quad 1, \quad 2, \quad \cdots$$

となります。

$p = 5$ のとき，$\dfrac{p-1}{2} = 2$ なので，5 で割り切れない自然数 a の 2 乗（平方）

$$1^2, \quad 2^2, \quad 3^2, \quad 4^2, \quad 6^2, \quad 7^2, \quad \cdots$$

は

$$1, \quad 4, \quad 9, \quad 16, \quad 36, \quad 49, \quad \cdots$$

であり，5 で割ると余りは

$$1, \quad 4, \quad 4, \quad 1, \quad 1, \quad 4, \quad \cdots$$

となります。

$p = 7$ のとき，$\dfrac{p-1}{2} = 3$ なので，7 で割り切れない自然数 a の 3 乗

$$1^3, \quad 2^3, \quad 3^3, \quad 4^3, \quad 5^3, \quad 6^3, \quad \cdots$$

は

$$1, \quad 8, \quad 27, \quad 64, \quad 125, \quad 216, \quad \cdots$$

であり，7 で割ると余りは

$$1, \quad 1, \quad 6, \quad 1, \quad 6, \quad 6, \quad \cdots$$

となります。

確かに，$a^{\frac{p-1}{2}}$ を p で割った余りは 1 または $p-1$ になっています。そして，a を p 未満の自然数とすると，$a^{\frac{p-1}{2}}$ を p で割った余りが 1 になる a と，余りが $p-1$ になる a は同

じ個数だけあります。たとえば，$p = 7$ のとき 7 で割った余りが 1 になるのは $a = 1, 2, 4$ のときで，7 で割った余りが 6 になるのは $a = 3, 5, 6$ のときであり，ともに 3 個ずつあります。

オイラーは，この分類が p の平方剰余とよばれる性質によることを見出しました。**オイラーの規準**といいます。平方剰余やオイラーの規準については次章で見ていきます。

p で割った余りが $p - 1$ である数は，p の倍数に 1 足りない数です。負の数を用いると，-1 余る数といえます。つまり，$a^{\frac{p-1}{2}}$ を p で割った余りは ± 1 であるということができます。

ルジャンドルは，a が p で割り切れない整数であるとき，$a^{\frac{p-1}{2}}$ を p で割った余り ± 1 を

$$\left(\frac{a}{p} \right)$$

で表しました。つまり

$$\left(\frac{a}{p} \right) = \left\{ \begin{array}{ll} 1 & (a^{\frac{p-1}{2}} \text{ を } p \text{ で割った余りが } 1) \\ -1 & (a^{\frac{p-1}{2}} \text{ を } p \text{ で割った余りが } -1) \end{array} \right.$$

となります。この記号を**ルジャンドルの記号**といいます。

ルジャンドルはフランスの数学者です。自ら黄金定理を見出し，ルジャンドルの記号を用いて簡明な形に表しました。そして，証明を試みましたが，成功しませんでした。

具体的な素数 p の値で，ルジャンドルの記号の値を計算してみましょう。

$p = 3$ のとき，$\dfrac{p-1}{2} = 1$ なので，3 で割り切れない自然数 a の 1 乗

$$1, \quad 2, \quad 4, \quad 5, \quad 7, \quad 8, \quad \cdots$$

を 3 で割ると，余りは

$$1, \quad 2, \quad 1, \quad 2, \quad 1, \quad 2, \quad \cdots$$

でした。余りを ± 1 で表すと，

$$1, \quad -1, \quad 1, \quad -1, \quad 1, \quad -1, \quad \cdots$$

となるので，$\left(\dfrac{a}{p}\right)$ の値は

$$\left(\dfrac{1}{3}\right) = 1, \left(\dfrac{2}{3}\right) = -1, \left(\dfrac{4}{3}\right) = 1, \left(\dfrac{5}{3}\right) = -1, \cdots$$

となります。とくに，

$$\left(\dfrac{5}{3}\right) = -1, \quad \left(\dfrac{7}{3}\right) = 1$$

をこのあと使います。

$p = 5$ のとき，$\dfrac{p-1}{2} = 2$ なので，5 で割り切れない自然数 a の 2 乗（平方）

$$1^2, \quad 2^2, \quad 3^2, \quad 4^2, \quad 6^2, \quad 7^2, \quad \cdots$$

を 5 で割ると，余りは

$$1, \quad 4, \quad 4, \quad 1, \quad 1, \quad 4, \quad \cdots$$

でした。余りを ± 1 で表すと，

$$1, \quad -1, \quad -1, \quad 1, \quad 1, \quad -1, \quad \cdots$$

となるので，$\left(\dfrac{a}{p}\right)$ の値は

$$\left(\frac{1}{5}\right) = 1, \quad \left(\frac{2}{5}\right) = -1, \quad \left(\frac{3}{5}\right) = -1, \quad \left(\frac{4}{5}\right) = 1, \quad \cdots$$

となります。とくに，

$$\left(\frac{3}{5}\right) = -1, \quad \left(\frac{7}{5}\right) = -1$$

をこのあと使います。

$p = 7$ のとき，$\dfrac{p-1}{2} = 3$ なので，7 で割り切れない自然数 a の 3 乗

$$1^3, \quad 2^3, \quad 3^3, \quad 4^3, \quad 5^3, \quad 6^3, \quad \cdots$$

を 7 で割ると，余りは

$$1, \quad 1, \quad 6, \quad 1, \quad 6, \quad 6, \quad \cdots$$

でした。余りを ± 1 で表すと，

$$1, \quad 1, \quad -1, \quad 1, \quad -1 \quad -1, \quad \cdots$$

となるので，$\left(\dfrac{a}{p}\right)$ の値は

$$\left(\frac{1}{7}\right) = 1, \quad \left(\frac{2}{7}\right) = 1, \quad \left(\frac{3}{7}\right) = -1, \quad \left(\frac{4}{7}\right) = 1, \quad \cdots$$

となります。とくに，

$$\left(\frac{3}{7}\right) = -1, \quad \left(\frac{5}{7}\right) = -1$$

をこのあと使います。

　以上で，黄金定理

$$\left(\frac{p}{q}\right)\left(\frac{q}{p}\right) = (-1)^{\frac{p-1}{2} \cdot \frac{q-1}{2}} \tag{1.1}$$

を確かめる準備が整いました。ここでは，$(p, q) = (3, 5)$，$(3, 7)$，$(5, 7)$ の場合に黄金定理を確かめましょう。

　$p = 3$，$q = 5$ とします。このとき $\dfrac{p-1}{2} = 1$，$\dfrac{q-1}{2} = 2$ です。

$$\left(\frac{3}{5}\right) = -1, \quad \left(\frac{5}{3}\right) = -1$$

だったので，(1.1)式の左辺は

$$\left(\frac{3}{5}\right)\left(\frac{5}{3}\right) = (-1) \times (-1) = 1$$

となり，(1.1)式の右辺は

$$(-1)^{\frac{3-1}{2} \cdot \frac{5-1}{2}} = (-1)^{1 \cdot 2} = 1$$

となります．左辺と右辺が等しくなり，(1.1)式が確かめられました．

$p = 3$, $q = 7$ とします．このとき $\dfrac{p-1}{2} = 1$, $\dfrac{q-1}{2} = 3$ です．

$$\left(\frac{3}{7}\right) = -1, \quad \left(\frac{7}{3}\right) = 1$$

だったので，(1.1)式の左辺は

$$\left(\frac{3}{7}\right)\left(\frac{7}{3}\right) = (-1) \times 1 = -1$$

となり，(1.1)式の右辺は

$$(-1)^{\frac{3-1}{2}\cdot\frac{7-1}{2}} = (-1)^{1\cdot 3} = -1$$

となります．左辺と右辺が等しくなり，(1.1)式が確かめられました．

$p = 5$, $q = 7$ とします．このとき $\dfrac{p-1}{2} = 2$, $\dfrac{q-1}{2} = 3$ です．

$$\left(\frac{5}{7}\right) = -1, \quad \left(\frac{7}{5}\right) = -1$$

だったので，(1.1)式の左辺は

$$\left(\frac{5}{7}\right)\left(\frac{7}{5}\right) = (-1) \times (-1) = 1$$

となり，（1.1）式の右辺は

$$(-1)^{\frac{5-1}{2} \cdot \frac{7-1}{2}} = (-1)^{2 \cdot 3} = 1$$

となります。やはり左辺と右辺が等しくなり，（1.1）式が確かめられました。

　以上で，$(p, q) = (3, 5), (3, 7), (5, 7)$ について黄金定理が確かめられました。

　他の素数の組についても確かめてみてください。気まぐれで独立に見える素数どうしの間に深い関係があることがわかっていただけるでしょう。

　この章では，新しいことばが登場しないように，黄金定理について $q^{\frac{p-1}{2}}$，$p^{\frac{q-1}{2}}$ をそれぞれ p，q で割った余り ± 1 の法則として紹介しました。黄金定理は，一般に「平方剰余の相互法則」とよばれ，平方剰余ということばで表されています。

　ここまで使ってきた「黄金定理」は，ガウスが私的な日記の中で使ったことばです。自らが示した定理を黄金とよんでいることからも，ガウスがこの定理にきわめて強い思い入れをもっていたことがわかります。

> 「平方剰余」とは，どのようなものでしょうか。また，ルジャンドルの記号の値 ± 1 と平方剰余にはどのような関係があるのでしょうか。

　このことについては次章で説明します。

第1章で，黄金定理

> p, q を互いに異なる奇数の素数とするとき
>
> $$\left(\frac{p}{q}\right)\left(\frac{q}{p}\right) = (-1)^{\frac{p-1}{2}\cdot\frac{q-1}{2}}$$
>
> が成り立つ

ことについて，$q^{\frac{p-1}{2}}$，$p^{\frac{q-1}{2}}$ をそれぞれ p, q で割った余り ± 1 の法則として紹介しました。この章では，平方剰余ということばを説明して，この法則を改めて紹介します。そして，第2章からはこの法則を，一般に使われている「平方剰余の相互法則」の名でよぶことにします。

平方剰余の「平方」とは2乗のことです。平方剰余とは，簡単にいうと，平方数

$$1^2, \quad 2^2, \quad 3^2, \quad 4^2, \quad \cdots$$

を素数で割った余りですが，正確には，より広い意味で用います。

この章では，平方数を素数で割った余りに深い数学が秘められていることを説明していきます。

2.1　余りの数学

　平方剰余の「剰余」とは，割り算の余りで定まる数のこと
です。そこで，平方剰余の説明の前に，余りの数学について
の話題を紹介しましょう。

　最初に，自然数を 2 で割った余りに着目します。偶数は 2
で割り切れる数であり，奇数は 2 で割ると 1 余る数です。

　ピタゴラス（B.C.572?–492?）は自然数を偶数と奇数とい
う 2 つの種類に分類し，偶数と奇数を万物の根源とみなして
いました。

　古代では数に意味をもたせ，神聖な数や縁起の良い数など
を信じていました。古代ギリシャでは，偶数を女性，奇数を
男性に喩えていたといわれています。

　ピタゴラスが考えた友愛数に，偶数と奇数に関連した興味
深い現象があります。

　友愛数は，1.2 節で紹介した完全数と並んで語られる数で
す。完全数は自分自身以外の約数の和がその数に等しくなる
数であり，知られている完全数はすべて偶数で，奇数の完全
数が存在するかどうかはわかっていません。

　一方，友愛数は，2 つの数について，自分自身を除いた約
数の和が相手の数に等しいという性質をもった数です。いち
ばん小さい友愛数は，220 と 284 です。

　284 の自分自身を除いた約数

$$1, \quad 2, \quad 4, \quad 71, \quad 142$$

を足すと，

$$1 + 2 + 4 + 71 + 142 = 220$$

と，もう 1 つの数 220 になります。220 の自分自身を除いた約数

$$1, \ 2, \ 4, \ 5, \ 10, \ 11, \ 20, \ 22, \ 44, \ 55, \ 110$$

を足すと，

$$1 + 2 + 4 + 5 + 10 + 11 + 20 + 22 + 44 + 55 + 110 = 284$$

と，もう 1 つの数 284 になります。

　このような関係をもった 2 つの数を友愛数とよんでいます。ピタゴラスは友人のことを「220 と 284 のように，もう 1 人の自分である人」と評していたといわれています。

　220 と 284 の次の友愛数の組は 1184 と 1210 です。このあと

$$2620 \ と \ 2924, \quad 5020 \ と \ 5564, \quad 6232 \ と \ 6368,$$

$$10744 \ と \ 10856, \quad 12285 \ と \ 14595$$

と続きます。

　友愛数についていろいろな性質がわかっていますが，無数にあるかどうかはわかっていません。現在わかっている友愛数は，2 つの数がともに偶数であるか，2 つの数がともに奇数です。偶数と奇数が対になった友愛数は見つかっていませんし，存在するかどうかもわかっていません。

　このことを古代ギリシャ時代のように偶数を女性，奇数を男性に喩えると，現在わかっている友愛数はすべて女性どうし，男性どうしになっていて，女性と男性の組の友愛数は見

つかっていないということになります。

　中国の算術書『孫子算経』においても，割り算の余りの問題が扱われています。この書物が書かれた年代ははっきりわかっていませんが，3世紀から5世紀の間と考えられています。この書物の中に次のような問題があります。

　　3で割ると2余り，5で割ると3余り，7で割ると
　　2余る数を求めよ。

　中国の数学の書物は日本に伝わり，この問題は江戸時代の和算では百五減算とよばれていました。

　3で割って2余る数は

　　2，　5，　8，　11，　14，　17，　20，　23，　…

5で割って3余る数は

　　　　　3，　8，　13，　18，　23，　…

7で割って2余る数は

　　　　　2，　9，　16，　23，　…

です。23が共通項として現れるので，答えの一つは23であることがわかります。3と5と7の最小公倍数の105を足しても3, 5, 7で割った余りは変わらないので，

　　　　　128，　233，　338，　…

も答えになります。

　証明はしませんが，次のような考え方もできます。aを0

以上 3 未満の整数, b を 0 以上 5 未満の整数, c を 0 以上 7 未満の整数とするとき,

$$70a + 21b + 15c$$

を 3 で割ると a 余り, 5 で割ると b 余り, 7 で割ると c 余ります.

3 で割ると 2 余り, 5 で割ると 3 余り, 7 で割ると 2 余る数を求めるために, $a = 2$, $b = 3$, $c = 2$ とおくと,

$$70 \times 2 + 21 \times 3 + 15 \times 2 = 233$$

が得られます. 3 と 5 と 7 の最小公倍数の 105 を引いても 3, 5, 7 で割った余りは変わらないので,

$$128, \quad 23$$

が得られます. ここで 105 を引くことが, 百五減算の名前の由来です.

この問題の背後に次の事実があります.

> m, n を互いに素な自然数とする. r を 0 以上 m 未満の整数とし, s を 0 以上 n 未満の整数とする. このとき, m で割ると r 余り, n で割ると s 余るような 0 以上 mn 未満の整数がただ 1 つ存在する.

この定理は**中国式剰余定理**とよばれています. 数論や代数学の中で重要な役割を果たしていて, 問題の由来から孫子の定理ともよばれています.

この定理を $m = 3$, $n = 5$ として用いると, 3 で割っ

て 2 余り，5 で割って 3 余るような 0 以上 15 未満の数が存在することがわかります。その数は 8 になります。さらに $m = 15 = 3 \times 5$，$n = 7$ として用いると，15 で割って 8 余り，7 で割って 2 余る 0 以上 105 未満の数が存在することがわかります。その数は 23 になります。この定理から，0 以上 105 未満で条件を満たす数が 23 のただ 1 つであることもわかります。

　割り算の余りには，親しみやすい現象とともに，新しい数の世界がひそんでいます。

　偶数と奇数は和について，

$$（偶数）＋（偶数）＝（偶数）$$
$$（偶数）＋（奇数）＝（奇数）$$
$$（奇数）＋（奇数）＝（偶数）$$

が成り立ち，積については

$$（偶数）×（偶数）＝（偶数）$$
$$（偶数）×（奇数）＝（偶数）$$
$$（奇数）×（奇数）＝（奇数）$$

が成り立ちます。このことから，偶数の集合と奇数の集合の間に足し算とかけ算があると見ることができます。集合と集合の演算は難しいので，整数を 2 で割った余り 0，1 に

$$(a + b) \div 2 \text{ の余り}, \quad (ab) \div 2 \text{ の余り}$$

により，足し算とかけ算があると考えることもできます。

　偶数は 2 で割ると余りが 0 の数であり，奇数は 2 で割ると

余りが 1 の数です。偶数と奇数をそれぞれ 0 と 1 で代表させ
ると，上の偶数，奇数の足し算とかけ算は

$$0 + 0 = 0$$
$$0 + 1 = 1$$
$$1 + 1 = 0$$

$$0 \times 0 = 0$$
$$0 \times 1 = 0$$
$$1 \times 1 = 1$$

と書くことができます。これにより，0, 1 に足し算とかけ算
が定義されていると考えることができます。

　一般に，m を自然数とし，整数を m で割った余り
0, 1, 2, $\cdots$, $m-1$ に対して，

$$(a + b) \div m \text{ の余り}, \quad (ab) \div m \text{ の余り}$$

により，足し算とかけ算が定義できることが知られています。

$$(-a) \div m \text{ の余り}$$

で引き算も定義できます。$m = 2$ の場合が，上の偶数と奇数
の和と積です。

　割り算は一般には定義できませんが，m が素数 p の
ときには定義することができ，四則演算をもつ数の世界
0, 1, 2, $\cdots$, $p-1$ が現れます。**有限体**とよばれていて，
余りの数学は数学の重要な分野を形成しています。

　最後に，平方数を素数で割った余りについて考えてみま

しょう。

平方数を素数で割ると，余りにどのような現象が現れるでしょうか。

p の倍数を p で割った余りは 0 なので，この場合を除いて考えることにします。

まず，3 について調べてみましょう。平方数

$$1^2, \quad 2^2, \quad 4^2, \quad 5^2, \quad 7^2, \quad 8^2, \quad \cdots$$

を 3 で割ると，余りは

$$1, \quad 1, \quad 1, \quad 1, \quad 1, \quad 1, \quad \cdots$$

となり，1 が繰り返されます。3 未満の自然数のうち 1 が余りに現れ，2 は余りに現れません。

こんどは 5 について調べてみましょう。平方数

$$1^2, \quad 2^2, \quad 3^2, \quad 4^2, \quad 6^2, \quad 7^2, \quad 8^2, \quad \cdots$$

を 5 で割ると，余りは

$$1, \quad 4, \quad 4, \quad 1, \quad 1, \quad 4, \quad 4, \quad \cdots$$

となり，1, 4, 4, 1 が繰り返されます。5 未満の自然数のうち 1, 4 が余りに現れ，2, 3 は余りに現れません。

7 についても調べてみましょう。平方数

$$1^2, \quad 2^2, \quad 3^2, \quad 4^2, \quad 5^2, \quad 6^2, \quad 8^2, \quad 9^2, \quad 10^2, \quad \cdots$$

を 7 で割ると，余りは

$$1, \quad 4, \quad 2, \quad 2, \quad 4, \quad 1, \quad 1, \quad 4, \quad 2, \quad \cdots$$

となり，1, 4, 2, 2, 4, 1 が繰り返されます。7 未満の自然数のうち 1, 2, 4 が余りに現れ，3, 5, 6 は余りに現れません。

　以上の例から，p 未満の自然数のうち，半分が余りに現れていることがわかります。このことは一般にいえます。つまり，

　　p で割り切れない平方数を p で割った余りには，p
　　未満の自然数のうち，半分が現れ，半分は現れない

が成り立ちます。どの半分が現れるかについて，何か法則はあるでしょうか。この法則を明らかにすることが本書のテーマです。

2.2　平方剰余と平方非剰余

> 平方剰余とは何でしょう。

　前節で平方数を素数 p で割った余りを考えました。p の倍数を p で割った余りは 0 なので，この節でも，p の倍数の場合を除いて考えます。

　$p = 3$ のとき，平方数を 3 で割った余りに現れる数は 1 で，2 は余りに現れませんでした。3 未満の自然数が，平方数を 3 で割った余りに現れる数と現れない数に分かれます。このことを整数全体で考えます。3 で割り切れない整数は 3 で割って 1 余る数

$$\cdots, \quad -2, \quad 1, \quad 4, \quad 7, \quad 10, \quad \cdots$$

と，3で割って2余る数

$$\cdots, \quad -1, \quad 2, \quad 5, \quad 8, \quad 11, \quad \cdots$$

とに分かれます。このとき，3で割って1余る数を3の平方剰余，3で割って2余る数を3の平方非剰余といいます。

　$p = 5$ のとき，平方数を5で割った余りに現れる数は1と4で，2と3は余りに現れませんでした。そこで，5で割り切れない整数のうち，5で割った余りが1の数と余りが4の数

$$\cdots, \quad -4, \quad 1, \quad 6, \quad 11, \quad 16, \quad \cdots$$
$$\cdots, \quad -1, \quad 4, \quad 9, \quad 14, \quad 19, \quad \cdots$$

を5の平方剰余といい，5で割った余りが2の数と余りが3の数

$$\cdots, \quad -3, \quad 2, \quad 7, \quad 12, \quad 17, \quad \cdots$$
$$\cdots, \quad -2, \quad 3, \quad 8, \quad 13, \quad 18, \quad \cdots$$

を5の平方非剰余といいます。

　一般に，p で割り切れない平方数を p で割った余りに現れる数を r とするとき，

$$pn + r \quad (n \text{ は整数})$$

で表される数を p の**平方剰余**といいます。つまり，

$$\cdots, \quad -2p+r, \quad -p+r, \quad r, \quad p+r, \quad 2p+r, \quad \cdots$$

が p の平方剰余です。そして，平方数を p で割った余りに現れない数を s とするとき，

$$pn + s \quad (n \text{ は整数})$$

で表される数を p の**平方非剰余**といいます。つまり，

$$\cdots, \quad -2p + s, \quad -p + s, \quad s, \quad p + s, \quad 2p + s, \quad \cdots$$

が p の平方非剰余です。

　p 未満の自然数のうちの半分が平方数を p で割った余り
だったので，p で割り切れない整数が平方剰余と平方非剰余
で二分されます。

2.3　オイラーの規準

　1.3 節で $a^{\frac{p-1}{2}}$ を p で割った余りを考えました。ここでは，
平方剰余と $\dfrac{p-1}{2}$ 乗の関係を調べましょう。

　$p = 5$ とします。5 で割って 1, 4 余る数が 5 の平方剰余で
あり，2, 3 余る数が 5 の平方非剰余でした。

　$\dfrac{p-1}{2} = 2$ であることより，5 の平方剰余の 2 乗（平方）

$$\cdots, \quad (-1)^2, \quad 1^2, \quad 4^2, \quad 6^2, \quad 9^2, \quad 11^2, \quad 14^2, \quad \cdots$$

を 5 で割ると，余りは

$$\cdots, \quad 1, \quad 1, \quad 1, \quad 1, \quad 1, \quad 1, \quad 1, \quad \cdots$$

になります。このように，5 の平方剰余を 2 乗して 5 で割る
と 1 余ります。

　一方，5 の平方非剰余の 2 乗

$$\cdots, \quad (-2)^2, \quad 2^2, \quad 3^2, \quad 7^2, \quad 8^2, \quad 12^2, \quad 13^2, \quad \cdots$$

を 5 で割ると，余りは

$$\cdots, \quad 4, \quad 4, \quad 4, \quad 4, \quad 4, \quad 4, \quad 4, \quad \cdots$$

となります。5 で割って 4 余る数を 5 の倍数に 1 足りない数と見ると，余りは

$$\cdots, \quad -1, \quad -1, \quad -1, \quad -1, \quad -1, \quad -1, \quad -1, \quad \cdots$$

になります。このように，5 の平方非剰余を 2 乗して 5 で割ると -1 余ります。

$p = 7$ とします。7 で割って $1, 2, 4$ 余る数が 7 の平方剰余であり，$3, 5, 6$ 余る数が 7 の平方非剰余でした。

$\dfrac{p-1}{2} = 3$ であることより，7 の平方剰余の 3 乗

$$\cdots, \quad (-3)^3, \quad 1^3, \quad 2^3, \quad 4^3, \quad 8^3, \quad 9^3, \quad 11^3, \quad \cdots$$

を 7 で割ると，余りは

$$\cdots, \quad 1, \quad 1, \quad 1, \quad 1, \quad 1, \quad 1, \quad 1, \quad \cdots$$

になります。このように，7 の平方剰余を 3 乗して 7 で割ると 1 余ります。

一方，7 の平方非剰余の 3 乗

$$\cdots, \quad (-1)^3, \quad 3^3, \quad 5^3, \quad 6^3, \quad 10^3, \quad 12^3, \quad 13^3, \quad \cdots$$

を 7 で割ると，余りは

$$\cdots, \quad 6, \quad 6, \quad 6, \quad 6, \quad 6, \quad 6, \quad 6, \quad \cdots$$

となります。7 で割って 6 余る数を 7 の倍数に 1 足りない数と見ると，余りは

$$\cdots, \quad -1, \quad -1, \quad -1, \quad -1, \quad -1, \quad -1, \quad -1, \quad \cdots$$

になります。このように，7 の平方非剰余を 3 乗して 7 で割ると -1 余ります。

このことは一般に成り立ちます。

> p を奇数の素数とし，a を p で割り切れない整数とする。a が p の平方剰余ならば，$a^{\frac{p-1}{2}}$ を p で割った余りは 1 になる。a が p の平方非剰余ならば，$a^{\frac{p-1}{2}}$ を p で割った余りは -1 になる。

この命題を**オイラーの規準**といいます。

オイラーの規準は，a が p の平方剰余であることと，$a^{\frac{p-1}{2}}$ を p で割った余りが 1 であることが同じであることを表しています。そして，a が p の平方非剰余であることと，$a^{\frac{p-1}{2}}$ を p で割った余りが -1 であることが同じであることを表しています。

オイラーの規準を用いると，ルジャンドルの記号

$$\left(\frac{a}{p} \right) = \begin{cases} 1 & (a^{\frac{p-1}{2}} \text{ を } p \text{ で割った余りが } 1) \\ -1 & (a^{\frac{p-1}{2}} \text{ を } p \text{ で割った余りが } -1) \end{cases}$$

は

$$\left(\frac{a}{p} \right) = \begin{cases} 1 & (a \text{ は } p \text{ の平方剰余}) \\ -1 & (a \text{ は } p \text{ の平方非剰余}) \end{cases}$$

となります。

2.4　相互法則の発見

　互いに異なる 2 つの奇数の素数に対し，ルジャンドルの記号の値を調べてみましょう。そうすると，相異なる 2 つの素数が相互に関係しあっていることが鮮明に見えてきます。

　気まぐれに存在し，それぞれ独立に見える素数の間に深い関係があるのです。

　17 以下の相異なる 2 つの奇数の素数についてルジャンドルの記号の値を計算すると，次の表のようになります。

	3	5	7	11	13	17
3		−1	1	−1	1	−1
5	−1		−1	1	−1	−1
7	−1	−1		1	−1	−1
11	1	1	−1		−1	−1
13	1	−1	−1	−1		1
17	−1	−1	−1	−1	1	

　この表の見方を説明します。たとえば 3 の行を見ると

	3	5	7	11	13	17
3		−1	1	−1	1	−1

となっています。これは

$$\left(\frac{5}{3}\right), \quad \left(\frac{7}{3}\right), \quad \left(\frac{11}{3}\right), \quad \left(\frac{13}{3}\right), \quad \left(\frac{17}{3}\right)$$

の値が，それぞれ

$$-1, \quad 1, \quad -1, \quad 1, \quad -1$$

であることを示しています。また，5 の行を見ると

	3	5	7	11	13	17
5	-1		-1	1	-1	-1

となっています。これは

$$\left(\frac{3}{5}\right), \quad \left(\frac{7}{5}\right), \quad \left(\frac{11}{5}\right), \quad \left(\frac{13}{5}\right), \quad \left(\frac{17}{5}\right)$$

の値が，それぞれ

$$-1, \quad -1, \quad 1, \quad -1, \quad -1$$

であることを示しています。

このままでは，法則が見えにくいですが，3 と 5 のように

$$\left(\frac{3}{5}\right) = \left(\frac{5}{3}\right)$$

が成り立つ組に〇を入れ，

3 と 7 のように

$$\left(\frac{3}{7}\right) = -\left(\frac{7}{3}\right)$$

が成り立つ組に×を入れてみましょう。

　このことをすべての数の組でおこなうと，次の表のように
なります。

	3	5	7	11	13	17
3		○	×	×	○	○
5	○		○	○	○	○
7	×	○		×	○	○
11	×	○	×		○	○
13	○	○	○	○		○
17	○	○	○	○	○	

　奇数の素数を，4 で割った余りが 1 の数 5, 13, 17 と，4

で割った余りが 3 の数 3, 7, 11 に着目して並び替えると，次の表のようになります．

	5	13	17	3	7	11
5		○	○	○	○	○
13	○		○	○	○	○
17	○	○		○	○	○
3	○	○	○		×	×
7	○	○	○	×		×
11	○	○	○	×	×	

鮮やかな法則が浮かび上がりました．

相異なる 2 つの奇数の素数を p, q とすると，○は

$$\left(\frac{q}{p}\right) = \left(\frac{p}{q}\right)$$

が成り立つ p, q の組を表し，×は

$$\left(\frac{q}{p}\right) = -\left(\frac{p}{q}\right)$$

が成り立つ p, q の組を表していました．5, 13, 17 が 4 で割って 1 余る素数で，3, 7, 11 が 4 で割って 3 余る素数であることに注意して表を見ると，次のことがわかります．

p または q が 4 で割って 1 余る素数のとき，

$$\left(\frac{q}{p}\right) = \left(\frac{p}{q}\right)$$

であり，p も q も 4 で割って 3 余る素数のとき

$$\left(\frac{q}{p}\right) = -\left(\frac{p}{q}\right)$$

である。

$$(-1)^{\frac{p-1}{2}\cdot\frac{q-1}{2}} = \begin{cases} 1 & (p \text{ または } q \text{ が} \\ & \quad 4 \text{ で割って 1 余る素数}) \\ -1 & (p \text{ も } q \text{ も 4 で割って 3 余る素数}) \end{cases}$$

を用いると，

$$\left(\frac{q}{p}\right) = (-1)^{\frac{p-1}{2}\cdot\frac{q-1}{2}}\left(\frac{p}{q}\right)$$

となります。両辺に $\left(\dfrac{p}{q}\right)$ をかけると，$\left(\dfrac{p}{q}\right)$ の値は ± 1

だったので，$\left(\dfrac{p}{q}\right)^2 = 1$ より，

$$\left(\frac{p}{q}\right)\left(\frac{q}{p}\right) = (-1)^{\frac{p-1}{2}\cdot\frac{q-1}{2}}$$

となります。これが第 1 章の冒頭で紹介した黄金定理，すなわち平方剰余の相互法則です。

> 平方剰余の相互法則にどのような意味があるのでしょうか。また，平方剰余の相互法則はどのようにして発見されたのでしょうか。

これらのことについて，次章以降で説明します。

この節で，平方剰余の相互法則の 2 つの形

$$\left(\frac{p}{q}\right)\left(\frac{q}{p}\right) = (-1)^{\frac{p-1}{2} \cdot \frac{q-1}{2}}$$

$$\left(\frac{q}{p}\right) = (-1)^{\frac{p-1}{2} \cdot \frac{q-1}{2}}\left(\frac{p}{q}\right)$$

を紹介したことになります。上の公式は

p または q が 4 で割って 1 余る素数のとき，

$$\left(\frac{p}{q}\right)\left(\frac{q}{p}\right) = 1$$

であり，p も q も 4 で割って 3 余る素数のとき

$$\left(\frac{p}{q}\right)\left(\frac{q}{p}\right) = -1$$

である

となり，下の公式は

p または q が 4 で割って 1 余る素数のとき，

$$\left(\frac{q}{p}\right) = \left(\frac{p}{q}\right)$$

であり，p も q も 4 で割って 3 余る素数のとき

$$\left(\frac{q}{p}\right) = -\left(\frac{p}{q}\right)$$

　　である

となります。

　数式には議論に応じて，使いやすい形があります。本書では，いずれの形も平方剰余の相互法則として用いることにします。

第3章 平方剰余の相互法則

平方剰余の相互法則にどのような意味があるのでしょうか。

平方剰余の相互法則

p, q を相異なる奇数の素数とするとき

$$\left(\frac{p}{q}\right)\left(\frac{q}{p}\right) = (-1)^{\frac{p-1}{2}\cdot\frac{q-1}{2}}$$

が成り立つ

は，2 つの奇数の素数 p と q が，ルジャンドルの記号 $\left(\dfrac{p}{q}\right)$ と $\left(\dfrac{q}{p}\right)$ の値において相互に関係しあっていることを示しています。2.3 節で説明したように，p を奇数の素数，a を p で割り切れない整数とするとき，

$$\left(\frac{a}{p}\right) = \begin{cases} 1 & (a \text{ は } p \text{ の平方剰余}) \\ -1 & (a \text{ は } p \text{ の平方非剰余}) \end{cases}$$

だったので，

(1) p が q の平方剰余かどうか

(2) q が p の平方剰余かどうか

という 2 つの問題が相互に関係しあっているといえます。相互法則たるゆえんです。

この問題にどのような意味があるのでしょうか。そして，この 2 つの問題の間にどのような関係があるのでしょうか。この章で見ていきます。

3.1 平方剰余と2次式と素数

平方とは 2 乗のことです。式で表すと x^2 となり，2 次式になります。

数学の世界では，1 次，2 次，3 次，…という表現が出てきます。幾何学の世界では 1 次元は直線，2 次元は平面，3 次元は空間です。

代数学における 1 次の世界は，1 次式，1 次方程式など，概して平易でよくわかっている世界です。2 次の世界は，2 次式，2 次方程式，$a^2 + b^2 = c^2$ という三平方の定理など，よくわかっていることもありますが，2 次の不定方程式（方程式の整数解）などの高度な数学の世界や，2 次式の素数値の問題など未解決の問題もあります。そして，豊かな数学の世界が私たちの前に広がっています。3 次以上の数学の世界は一般に難しく，現代の数学ではまだ手の届かない問題もたくさんあります。

> 多項式と素数が出会うと，どのような数学が広がっているのでしょうか。

多項式とは，x, x^2, x^3, $\cdots$ を組み合わせた $3x^2 + 2x + 1$

のような式を指します。本書では，係数が整数の多項式を扱います。

まず，1次式の表す数の素因数の法則について考えてみましょう。

例として，$4x+1$（x は 0 以上の整数）が表す数を調べます。

$4x+1$ が表す数は，4 で割って 1 余る数で

$$1, \quad 5, \quad 9, \quad 13, \quad 17, \quad 21, \quad 25, \quad 29, \quad 33, \quad \cdots$$

となります。そして，これらの数の素因数に，2 以外のすべての素数が現れます。なお，$4x+1$ の表す数が素数の場合も，$4x+1$ の表す数の素因数と考えます。

30 までの素数で確認してみると，まず素数

$$5, \quad 13, \quad 17, \quad 29$$

が $4x+1$ が表す数に現れています。さらに

$$9, \quad 21, \quad 33, \quad 57, \quad 69$$

の素因数に

$$3, \quad 7, \quad 11, \quad 19, \quad 23$$

が現れ，30 までの 2 以外の素数がすべて，$4x+1$ の表す数の素因数に現れています。また，素因数として現れない 2 は，$4x+1$ の x の係数である 4 の素因数です。

もう一つ別の式 $6x+1$（x は 0 以上の整数）が表す数を調べてみましょう。

$6x+1$ が表す数は，6 で割って 1 余る数で

$$1, \quad 7, \quad 13, \quad 19, \quad 25, \quad 31, \quad 37, \quad 43, \quad 49, \quad \cdots$$

となります。そして、これらの数の素因数に、2, 3 以外のすべての素数が現れます。

30 までの素数で確認してみると、まず

$$7, \quad 13, \quad 19$$

が $6x + 1$ の表す数に現れています。さらに

$$25, \quad 55, \quad 85, \quad 115, \quad 145$$

の素因数に

$$5, \quad 11, \quad 17, \quad 23, \quad 29$$

が現れ、30 までの 2, 3 以外の素数がすべて $6x + 1$ の表す数の素因数に現れています。また、素因数として現れない 2, 3 は、x の係数である 6 の素因数です。

1 次式の表す数を素因数分解するとき、x の係数の素因数を除いて、すべての素数が素因数として現れるのではないかと予想されます。この予想は正しく、次の事実が成り立ちます。

> a の約数以外の素数が、$ax + b$（x は整数）の表す数の素因数に現れる。

次に、2 次式 $x^2 - a$（x は整数）の表す素数の法則を考えてみましょう。2 次式の世界にはきわめて美しい素因数の法則があり、平方剰余の相互法則と深く関係しています。

2.2 節で、平方剰余と平方非剰余を次のように定義しました。

p で割り切れない平方数を p で割った余りに現れる
数を r とするとき,

$$pn + r \quad (n \text{ は整数})$$

で表される数を p の平方剰余といい, 平方数を p で
割った余りに現れない数を s とするとき,

$$pn + s \quad (n \text{ は整数})$$

で表される数を p の平方非剰余という。

したがって, a が p の平方剰余であるとき, a を p で割っ
た余りと, ある平方数を p で割った余りが等しくなります。
このとき, 平方数を x^2 とすると, $x^2 - a$ は p で割り切れ
ます。
　このことから, p で割り切れない整数 a が p の平方剰余,
平方非剰余であることは, 次のようにいいかえることができ
ます。

a を p で割り切れない整数とする。ある整数 x に対
し, p が $x^2 - a$ を割り切るとき, a は p の平方剰
余であり, どの整数 x に対しても, p が $x^2 - a$ を
割り切らないとき, a は p の平方非剰余である。

ルジャンドルの記号は

$$\left(\frac{a}{p} \right) = \left\{ \begin{array}{ll} 1 & (a \text{ は } p \text{ の平方剰余}) \\ -1 & (a \text{ は } p \text{ の平方非剰余}) \end{array} \right.$$

だったので,

$$\left(\frac{a}{p}\right) = \begin{cases} 1 & (p \text{ が } x^2 - a \text{ の素因数に現れる}) \\ -1 & (p \text{ が } x^2 - a \text{ の素因数に現れない}) \end{cases}$$

となります.

このように見ると,平方剰余と 2 次式の表す数の素因数が結びつきます.

本章の冒頭で,平方剰余の相互法則は

（1）p が q の平方剰余かどうか

（2）q が p の平方剰余かどうか

の 2 つの問題が相互に関係しあっていることを示していると述べました.したがって,平方剰余の相互法則は,

（1）$x^2 - p$ の表す数の素因数に q が現れるかどうか

（2）$x^2 - q$ の表す数の素因数に p が現れるかどうか

という 2 つの問題が相互に関係しあっていることを示しているといえます.

平方剰余や平方非剰余には,さまざまな見方や表し方があります.ここで,まとめておきましょう.

$$\left(\frac{a}{p}\right) = 1 \quad \Longleftrightarrow \quad a^{\frac{p-1}{2}} \text{ を } p \text{ で割った余りが } 1$$
$$\Longleftrightarrow \quad a \text{ は } p \text{ の平方剰余}$$
$$\Longleftrightarrow \quad p \text{ が } x^2 - a \text{ の素因数に現れる}$$

$$\left(\frac{a}{p}\right) = -1 \quad \Longleftrightarrow \quad a^{\frac{p-1}{2}} を p で割った余りが - 1$$

$$\Longleftrightarrow \quad a は p の平方非剰余$$

$$\Longleftrightarrow \quad p が x^2 - a の素因数に現れない$$

となります。

$$P \quad \Longleftrightarrow \quad Q$$

は,「P ならば Q」,「Q ならば P」の両方が成り立つ, とい
う意味です。わかりやすくいうと, P と Q は互いにいいか
えられる, という意味で, そのような P と Q は**同値**である
といいます。

上のまとめで

$$\left(\frac{a}{p}\right) = 1 \quad \Longleftrightarrow \quad a^{\frac{p-1}{2}} を p で割った余りが 1$$

は, ルジャンドルの記号の定義でした。

$$a^{\frac{p-1}{2}} を p で割った余りが 1 \quad \Longleftrightarrow \quad a は p の平方剰余$$

はオイラーの規準でした。オイラーの規準が成り立つ理由は
第 7 章で説明します。

$$a は p の平方剰余 \quad \Longleftrightarrow \quad p が x^2 - a の素因数に現れる$$

は, 上で説明したように平方剰余の定義からわかります。

3.2 平方剰余の相互法則の第 1 補充法則

具体的に与えた 2 次式が表す素因数の法則を見ましょう。

この節では，$x^2 + 1$（x は整数）の表す数の素因数を調べます。

$x^2 + 1$（x は整数）の表す数の素因数の法則は，どのようになるでしょうか。

$x = 1,\ 2,\ \cdots,\ 10$ に対し，$x^2 + 1$ の値を計算すると次のようになります。

x	$x^2 + 1$
1	2
2	5
3	$10 = 2 \cdot 5$
4	17
5	$26 = 2 \cdot 13$
6	37
7	$50 = 2 \cdot 5^2$
8	$65 = 5 \cdot 13$
9	$82 = 2 \cdot 41$
10	101

表を見ると，$x^2 + 1$ の表す数の素因数として 2 が現れています。x が奇数のとき $x^2 + 1$ は偶数になるからです。$x^2 + 1$ の表す奇数の素数は

$$5, \quad 17, \quad 37, \quad 101$$

が現れています。そして，

$$26, \quad 82$$

の素因数に

$$13, \quad 41$$

が現れています。

　ここにどのような法則があるでしょうか。これらの素数を4で割ってみると，法則が浮かび上がってきます。

　これらの奇数の素数

$$5, \quad 13, \quad 17, \quad 37, \quad 41, \quad 101$$

を4で割ると，余りが

$$1, \quad 1, \quad 1, \quad 1, \quad 1, \quad 1$$

になり，鮮やかな法則が浮かび上がります。$x^2 + 1$ の表す数の奇数の素因数は，4で割って1余る素数になっています。50以下の4で割って1余る素数のうち，29が表に現れていませんが，計算を続けると，

$$12^2 + 1 = 145 = 5 \times 29$$

であり，29は $x^2 + 1$ の表す数の素因数になります。

　一方，4で割って3余る素数

$$3, \quad 7, \quad 11, \quad 19, \quad 23, \quad 31, \quad 43, \quad 47, \quad \cdots$$

は，$x^2 + 1$ の表す数の素因数には現れません。

奇数の素数は 4 で割った余りが 1, 3 のいずれかで，式で書くと $4n + 1$, $4n + 3$ の 2 種類になります。そのうち半分の 1 種類だけが $x^2 + 1$ の素因数になります。法則としてまとめると次のようになります。

> p が 4 で割って 1 余る素数のとき，p は $x^2 + 1$ が表す数の素因数に現れる。p が 4 で割って 3 余る素数のとき，p は $x^2 + 1$ が表す数の素因数に現れない。

ここで，4 で割った余りを考えるのは，$x^2 + 1$ の判別式が -4 であることからきています。

奇数の素数 p が $x^2 + 1 = x^2 - (-1)$ の表す数の素因数であることは，-1 が p の平方剰余であることを意味しているので，次のようにいいかえられます。

> p が 4 で割って 1 余る素数のとき，-1 は p の平方剰余である。p が 4 で割って 3 余る素数のとき，-1 は p の平方非剰余である。

この法則を**平方剰余の相互法則の第 1 補充法則**といいます。補充法則が何を補充しているかということは 3.5 節で説明します。

ガウスは 17 歳のときにこの法則に気づき，証明しました。著書『数論研究』の序文で，次のように述べています。

私はそのころ，ある別の研究に没頭していた。ところが，そのような日々の中で，私はゆくりなくあるすばらしいアリトメティカの真理（もし私が思い違いをしているのでなければ，それは第108条の定理であった）に出会ったのである。私はその真理自体にもこの上もない美しさを感じたが，そればかりではなく，それはなおいっそうすばらしい他の数々の真理とも関連があるように思われた。そこで私は全力を傾けて，その真理が依拠している諸原理を洞察し，厳密な証明を獲得するべく考察を重ねた。やがて私はついに望みどおりの成功を収めたが，そのころにはこのような研究の魅力にすっかり取り付かれてしまい，もう立ち去ることはできなかった。

（[25] より）

ガウスが述べている「第108条の定理」というのが，この平方剰余の相互法則の第1補充法則です。なお，「アリトメティカ」は直訳すると「算術」になりますが，ここでは「数論」を指しています。

第1章の冒頭で紹介したように，平方剰余の相互法則はルジャンドルの記号によって美しい形で表現されます。

> 平方剰余の相互法則の第1補充法則をルジャンドルの記号で表現すると，どのようになるでしょうか。

ルジャンドルの記号は

$$\left(\frac{a}{p}\right) = \begin{cases} 1 & (p \text{ が } x^2 - a \text{ の素因数に現れる}) \\ -1 & (p \text{ が } x^2 - a \text{ の素因数に現れない}) \end{cases}$$

だったので，平方剰余の相互法則の第 1 補充法則は，

$$\left(\frac{-1}{p}\right) = \begin{cases} 1 & (p \text{ が } 4 \text{ で割って } 1 \text{ 余る素数}) \\ -1 & (p \text{ が } 4 \text{ で割って } 3 \text{ 余る素数}) \end{cases}$$

と表されます。

　ここで，右辺の場合分けは，

$$(-1)^{\frac{p-1}{2}}$$

とまとめられます。つまり，

$$(-1)^{\frac{p-1}{2}} = \begin{cases} 1 & (p \text{ が } 4 \text{ で割って } 1 \text{ 余る素数}) \\ -1 & (p \text{ が } 4 \text{ で割って } 3 \text{ 余る素数}) \end{cases}$$

となります。なぜなら，p が 4 で割って 1 余る素数のとき，$p-1$ は 4 の倍数であり，$\dfrac{p-1}{2}$ は偶数となるからです。また，p が 4 で割って 3 余る素数のとき，$p-1$ は 4 で割ると 2 余り，$\dfrac{p-1}{2}$ は奇数となるからです。

　以上のことから，平方剰余の相互法則の第 1 補充法則は次のように表されることがわかります。

$$\left(\frac{-1}{p}\right) = (-1)^{\frac{p-1}{2}}$$

　このようにルジャンドルの記号を用いると，平方剰余の相

互法則の第 1 補充法則も美しい形で表現できます。

3.3　平方剰余の相互法則の第 2 補充法則

　平方剰余の相互法則には，もう一つ別の補充法則があります。平方剰余の相互法則の第 2 補充法則です。

　平方剰余の相互法則の第 1 補充法則は，-1 が p の平方剰余であるかどうかの法則，つまり $x^2 + 1 = x^2 - (-1)$ の表す数の素因数 p の法則でした。平方剰余の相互法則の第 2 補充法則は，2 が p の平方剰余であるかどうかの法則，つまり $x^2 - 2$ の表す数の素因数 p の法則です。

　3.4 節，3.5 節で解説するように，-1，2 以外の数が p の平方剰余であるかどうかは，平方剰余の相互法則から得られます。

> $x^2 - 2$（x は整数）の表す数の素因数の法則は，どのようになるでしょうか。

　このことを見るために，$x^2 - 2$ $(x = 1,\ 2,\ \cdots,\ 10)$ が表す数を素因数分解してみましょう。

x	$x^2 - 2$
1	-1
2	2
3	7
4	$14 = 2 \cdot 7$
5	23
6	$34 = 2 \cdot 17$
7	47
8	$62 = 2 \cdot 31$
9	79
10	$98 = 2 \cdot 7^2$

表を見ると，$x^2 - 2$ の表す数の素因数として，素数 2 が現れています。x が偶数のとき，$x^2 - 2$ は偶数だからです。奇数の素数は

$$7, \quad 17, \quad 23, \quad 31, \quad 47, \quad 79$$

が現れています。したがって，2 はこれらの素数の平方剰余です。

ここにどのような法則があるでしょうか。これらの素数を 8 で割ってみると，法則が浮かび上がってきます。

$$7, \quad 17, \quad 23, \quad 31, \quad 47, \quad 79$$

を 8 で割った余りを調べてみると

$$7, \quad 1, \quad 7, \quad 7, \quad 7, \quad 7$$

となり，鮮やかな法則が姿を表します。$x^2 - 2$ の表す数の奇数の素因数は，8 で割って 1 余る素数と 7 余る素数になっています。一方，8 で割って 3 余る素数と 5 余る素数

$$3, \quad 5, \quad 11, \quad 13, \quad 19, \quad 29, \quad 37, \quad \cdots$$

は，$x^2 - 2$ の表す数の素因数には現れません。

　奇数の素数は，8 で割った余りが 1，3，5，7 のいずれかで，式で書くと $8n + 1$，$8n + 3$，$8n + 5$，$8n + 7$ の 4 種類となります。そのうちの半分の 2 種類だけが，$x^2 - 2$ の表す数の素因数になります。法則としてまとめると次のようになります。

> p が 8 で割って 1, 7 余る素数のとき，p は $x^2 - 2$ が表す数の素因数に現れる。p が 8 で割って 3, 5 余る素数のとき，p は $x^2 - 2$ が表す数の素因数に現れない。

　ここで，8 で割った余りを考えるのは，$x^2 - 2$ の判別式が 8 であることからきています。

　p が $x^2 - 2$ の表す数の素因数に現れるか現れないか，に応じて，2 が p の平方剰余，平方非剰余になるので，次のようにいいかえられます。

> p が 8 で割って 1, 7 余る素数のとき，2 は p の平方剰余である。p が 8 で割って 3, 5 余る素数のとき，2 は p の平方非剰余である。

この法則を**平方剰余の相互法則の第2補充法則**といいます。

> 平方剰余の相互法則の第2補充法則をルジャンドルの記号で表現すると，どのようになるでしょうか。

平方剰余の相互法則の第2補充法則は，ルジャンドルの記号を用いると，

$$\left(\frac{2}{p}\right) = \begin{cases} 1 & (p \text{ が } 8 \text{ で割って } 1, 7 \text{ 余る素数}) \\ -1 & (p \text{ が } 8 \text{ で割って } 3, 5 \text{ 余る素数}) \end{cases}$$

と表されます。

ここで，右辺の場合分けは

$$(-1)^{\frac{p^2-1}{8}}$$

とまとめられます。つまり，

$$(-1)^{\frac{p^2-1}{8}} = \begin{cases} 1 & (p \text{ が } 8 \text{ で割って } 1, 7 \text{ 余る素数}) \\ -1 & (p \text{ が } 8 \text{ で割って } 3, 5 \text{ 余る素数}) \end{cases}$$

となります。

なぜなら，p が8で割って1余る素数のとき，$\dfrac{p-1}{8}$ が整数になり，$p+1$ が偶数になるので，

$$\frac{p^2-1}{8} = \frac{p-1}{8} \cdot (p+1)$$

が偶数になり，$(-1)^{\frac{p^2-1}{8}} = 1$ となるからです。また，p が8

で割って 3 余る素数のとき, $\dfrac{p-1}{2}$ が奇数になり, $\dfrac{p+1}{4}$ も奇数になるので,

$$\frac{p^2-1}{8} = \frac{p-1}{2} \cdot \frac{p+1}{4}$$

が奇数になり, $(-1)^{\frac{p^2-1}{8}} = -1$ となるからです。p が 8 で割って 5, 7 余る素数の場合も同様にして示せます。

　以上のことから, 平方剰余の相互法則の第 2 補充法則は次のように表されます。

$$\left(\frac{2}{p} \right) = (-1)^{\frac{p^2-1}{8}}$$

第 1 補充法則と同様に, とても美しい公式です。

3.4　相互法則の威力

　前節で平方剰余の相互法則の第 2 補充法則, つまり

$$\left(\frac{2}{p} \right)$$

の法則を紹介しました。この節では,

$$\left(\frac{3}{p} \right), \quad \left(\frac{5}{p} \right), \quad \left(\frac{7}{p} \right), \quad \cdots$$

の法則を見ていきます。じつは, これらの奇数の素数 3, 5, 7, $\cdots$ と p の関係を示す法則は, 1 つの公式でま

とめられます。その公式こそ，これまで登場してきた平方剰余の相互法則

$$\left(\frac{p}{q}\right)\left(\frac{q}{p}\right) = (-1)^{\frac{p-1}{2} \cdot \frac{q-1}{2}}$$

です。この節では，$\left(\dfrac{p}{q}\right)$ を両辺にかけて変形した形である

$$\left(\frac{q}{p}\right) = (-1)^{\frac{p-1}{2} \cdot \frac{q-1}{2}}\left(\frac{p}{q}\right)$$

を用います。

平方剰余の相互法則において，$q = 5$ とします。$\dfrac{q-1}{2} = 2$ だから，$(-1)^{\frac{p-1}{2} \cdot \frac{q-1}{2}} = 1$ です。よって，

$$\left(\frac{5}{p}\right) = \left(\frac{p}{5}\right) \tag{3.1}$$

と変形できます。

> この等式は何を意味しているのでしょうか。

平方剰余の相互法則によって明らかにされる，素数の驚くべき現象がここにあります。どういうことでしょうか。

左辺が 1 になる奇数の素数 p は，5 が p の平方剰余になる素数です。つまり，p は $x^2 - 5$ の表す数の素因数です。このような素数の決定は，無限にある素数 p を扱う必要があるので困難です。

一方，右辺が 1 になる奇数の素数 p は，5 の平方剰余になる素数です。平方剰余の定義より，このような素数の決定は

p を 5 で割った余り 1, 2, 3, 4 を調べればよいので，簡単です。

（3.1）はこのような深遠な事実をきわめてシンプルに表現しています。左辺の無限に広がる難しい問題が右辺の有限の範囲の簡単な問題になる。これが，平方剰余の相互法則の威力です。

前節で述べたように，1, 4 が 5 の平方剰余であり，2, 3 が 5 の平方非剰余だったので，（3.1）の右辺は

$$\left(\frac{p}{5}\right) = \begin{cases} 1 & (p \text{ が 5 で割って 1, 4 余る素数}) \\ -1 & (p \text{ が 5 で割って 2, 3 余る素数}) \end{cases}$$

となるので，（3.1）の左辺も

$$\left(\frac{5}{p}\right) = \begin{cases} 1 & (p \text{ が 5 で割って 1, 4 余る素数}) \\ -1 & (p \text{ が 5 で割って 2, 3 余る素数}) \end{cases}$$

となります。

このことは，次のようにもいいかえられます。

> p が 5 で割って 1, 4 余る素数であるとき，p は $x^2 - 5$ の表す数の素因数に現れる。p が 5 で割って 2, 3 余る素数であるとき，p は $x^2 - 5$ が表す数の素因数に現れない。

では，5 以外の奇数の素数 q に対して，どのような法則が成り立つでしょうか。

$q = 5$ の場合と同じように，q が 4 で割って 1 余る素数に

対しては, $\dfrac{q-1}{2}$ が偶数であり, $(-1)^{\frac{p-1}{2}\cdot\frac{q-1}{2}} = 1$ となるので, 同様にして法則を得ることができます。

q が 4 で割って 3 余る素数に対しては, $\dfrac{q-1}{2}$ が奇数であり, $(-1)^{\frac{p-1}{2}\cdot\frac{q-1}{2}} = (-1)^{\frac{p-1}{2}}$ となるので, 法則が少し複雑になります。具体的に見てみましょう。

$q = 3$ とします。このとき, 平方剰余の相互法則より,

$$\left(\frac{3}{p}\right) = (-1)^{\frac{p-1}{2}}\left(\frac{p}{3}\right) \tag{3.2}$$

となります。(3.2)の右辺の $(-1)^{\frac{p-1}{2}}$ は, p を 4 で割った余り 1, 3 に応じて, それぞれ $(-1)^{\frac{p-1}{2}} = 1$, -1 となります。また, 1 が 3 の平方剰余であり, 2 が 3 の平方非剰余だったので, p を 3 で割った余り 1, 2 に応じて, それぞれ $\left(\dfrac{p}{3}\right) = 1$, -1 となります。

まとめると,

$$(-1)^{\frac{p-1}{2}} = \begin{cases} 1 & (p \text{ が 4 で割って 1 余る素数}) \\ -1 & (p \text{ が 4 で割って 3 余る素数}) \end{cases}$$

$$\left(\frac{p}{3}\right) = \begin{cases} 1 & (p \text{ が 3 で割って 1 余る素数}) \\ -1 & (p \text{ が 3 で割って 2 余る素数}) \end{cases}$$

となります。

したがって, (3.2)の右辺の値は, p を 3 と 4 の最小公倍数 12 で割った余りで決まります。

　たとえば，p が 12 で割って 1 余る素数のとき，p は 4 で割って 1 余り，3 で割って 1 余るので，

$$(-1)^{\frac{p-1}{2}}\left(\frac{p}{3}\right) = 1 \times 1 = 1$$

です。p が 12 で割って 5 余る素数のとき，p は 4 で割って 1 余り，3 で割って 2 余るので，

$$(-1)^{\frac{p-1}{2}}\left(\frac{p}{3}\right) = 1 \times (-1) = -1$$

です。p が 12 で割って 7, 11 余る素数のときも同様に計算できます。

　まとめると，(3.2) は

$$\left(\frac{3}{p}\right) = \begin{cases} 1 & (p \text{ が 12 で割って 1, 11 余る素数}) \\ -1 & (p \text{ が 12 で割って 5, 7 余る素数}) \end{cases}$$

となります。これによって，$x^2 - 3$ の表す数の素因数の法則もわかります。

　このような計算を繰り返すと，奇数の素数 $q = 3, 5, 7, \cdots$ に対して，$\left(\frac{q}{p}\right) = 1$ となる素数 p の法則が得られます。まとめると次の表のようになります。

q	$(\frac{q}{p}) = 1$ となる 素数 p の形
3	$12n + 1,\ 11$
5	$5n + 1,\ 4$
7	$28n + 1,\ 3,\ 9,\ 19,\ 25,\ 27$
11	$44n + 1,\ 5,\ 7,\ 9,\ 19,\ 25,\ 35,\ 37,\ 39,\ 43$
13	$13n + 1,\ 3,\ 4,\ 9,\ 10,\ 12$

このように与えられた素数 q が，どのような素数 p の平方剰余になるかどうかの法則が，p を q で割った余りや，p を $4q$ で割った余りで決まります。いいかえると，2次式 $x^2 - q$ の表す数の素因数 p の法則が，p を1次式 $qn + r$ や $4qn + r$ で表したときの余り r によって表現されます。そして，すべての奇数の素数 p, q に関する法則が，

$$\left(\frac{q}{p} \right) = (-1)^{\frac{p-1}{2} \cdot \frac{q-1}{2}} \left(\frac{p}{q} \right)$$

の1つの式に集約されます。素数は気まぐれで一般項もわかっていませんが，このように美しい簡明な法則として見事に統一された公式があるのです。

これは驚くべきことです。

3.5　ルジャンドルの記号の計算

平方剰余の定義にそって，平方数を p で割った余りを調べたり，$x^2 - a$ の素因数を調べたりする方法とは独立に，平方剰余の相互法則をはじめとするルジャンドルの記号

$$\left(\frac{a}{p} \right)$$

の計算法則を用いて，p の平方剰余や平方非剰余がわかります。この節では，これについて説明します。

　平方剰余の相互法則は2つの奇数の素数の間の法則だから，合成数 a には適用できません。しかし，これから説明するように，すべての整数 a で $\left(\dfrac{a}{p} \right)$ の値を計算することができます。

　では，ルジャンドルの記号の計算のようすを見ていきましょう。なお，この節でも平方剰余の相互法則は

$$\left(\frac{q}{p} \right) = (-1)^{\frac{p-1}{2} \cdot \frac{q-1}{2}} \left(\frac{p}{q} \right)$$

の形で用います。

　1 はつねに平方剰余になるので

$$\left(\frac{1}{p} \right) = 1$$

です。

　平方剰余の定義より，a を素数 p で割った余りを r とするとき，

$$\left(\frac{a}{p} \right) = \left(\frac{r}{p} \right)$$

となります。本書だけの呼び方ですが，これを「余りの法則」とよぶことにします。

この法則によって，ルジャンドルの記号 $\left(\dfrac{a}{p} \right)$ の計算は，a を p で割った余りに置き換えて，a を p 未満の自然数としてよいことになります。

また，ルジャンドルの記号について，次の法則が成り立ちます。

$a,\ b$ が整数のとき

$$\left(\frac{ab}{p} \right) = \left(\frac{a}{p} \right) \left(\frac{b}{p} \right)$$

本書ではこの法則を「積の法則」とよぶことにします。積の法則が成り立つことは 7.2 節で説明します。

積の法則より，ルジャンドルの記号 $\left(\dfrac{a}{p} \right)$ の計算は，a を素因数分解すればよいことがわかります。

たとえば，

$$6 = 2 \times 3$$

だから，積の法則より

$$\left(\frac{6}{p} \right) = \left(\frac{2}{p} \right) \left(\frac{3}{p} \right)$$

となります。また，

$$30 = 2 \times 3 \times 5$$

だから，積の法則より

$$\left(\frac{30}{p}\right) = \left(\frac{2}{p}\right)\left(\frac{3}{p}\right)\left(\frac{5}{p}\right)$$

となります。

このように，ルジャンドルの記号 $\left(\dfrac{a}{p}\right)$ は，a が素数の場合に帰着することがわかります。

$3, 5$ は奇数の素数だから，$\left(\dfrac{3}{p}\right)$，$\left(\dfrac{5}{p}\right)$ は平方剰余の相互法則を使って計算をすることができます。しかし，$\left(\dfrac{2}{p}\right)$ は相互法則を使って計算することはできません。相互法則は相異なる 2 つの奇数の素数についての法則だからです。$\left(\dfrac{2}{p}\right)$ の値 ± 1 を与える法則が，平方剰余の相互法則の第 2 補充法則

$$\left(\frac{2}{p}\right) = (-1)^{\frac{p^2-1}{8}}$$

です。

$a < 0$ の場合は，平方剰余の相互法則の第 1 補充法則を使うことで，$a > 0$ の場合に帰着できます。負の数を $-a\ (a > 0)$ とおくと，積の法則より，

$$\left(\frac{-a}{p}\right) = \left(\frac{-1}{p}\right)\left(\frac{a}{p}\right)$$

となるからです。

このように，平方剰余の相互法則を用いたルジャンドルの

記号の計算を補うので，補充法則とよばれているのです。

以上の公式をもとに，p で割り切れないすべての整数 a に対して，$\left(\dfrac{a}{p}\right)$ が計算できます。

第 2 補充法則を用いる例として，

$$\left(\frac{41}{97}\right)$$

を計算しましょう。まず，平方剰余の相互法則より，

$$\left(\frac{41}{97}\right) = (-1)^{\frac{41-1}{2} \cdot \frac{97-1}{2}} \left(\frac{97}{41}\right) = \left(\frac{97}{41}\right)$$

となります。$97 = 2 \times 41 + 15$ だから，余りの法則より，

$$\left(\frac{97}{41}\right) = \left(\frac{15}{41}\right)$$

となります。$15 = 3 \times 5$ だから，積の法則により，

$$\left(\frac{15}{41}\right) = \left(\frac{3}{41}\right)\left(\frac{5}{41}\right)$$

となります。右辺のそれぞれのルジャンドルの記号に，平方剰余の相互法則と余りの法則を用いると，

$$\left(\frac{3}{41}\right)\left(\frac{5}{41}\right) = \left(\frac{41}{3}\right)\left(\frac{41}{5}\right) = \left(\frac{2}{3}\right)\left(\frac{1}{5}\right)$$

となり，2 が現れたことから，第 2 補充法則より，

$$\left(\frac{2}{3}\right)\left(\frac{1}{5}\right) = (-1) \times 1 = -1$$

となります。以上により,

$$\left(\frac{41}{97}\right) = -1$$

が得られました。

次に,第1補充法則を用いる例を紹介します。

$$\left(\frac{-10}{97}\right)$$

を計算しましょう。$-10 = (-1) \times 2 \times 5$ だから,積の法則により,

$$\left(\frac{-10}{97}\right) = \left(\frac{-1}{97}\right)\left(\frac{2}{97}\right)\left(\frac{5}{97}\right)$$

となります。ここで,第1補充法則を用いると,

$$\left(\frac{-1}{97}\right) = 1$$

だから,

$$\left(\frac{-1}{97}\right)\left(\frac{2}{97}\right)\left(\frac{5}{97}\right) = \left(\frac{2}{97}\right)\left(\frac{5}{97}\right)$$

と変形できます。

右辺に第2補充法則と相互法則を用いると

$$\left(\frac{2}{97}\right)\left(\frac{5}{97}\right) = \left(\frac{97}{5}\right)$$

となり，さらに余りの法則より，

$$\left(\frac{97}{5}\right) = \left(\frac{2}{5}\right)$$

となります。そして，第2補充法則より

$$\left(\frac{2}{5}\right) = -1$$

が得られ，

$$\left(\frac{-10}{97}\right) = -1$$

であることがわかります。

　最後に，第1補充法則と第2補充法則を用いる例として，

$$\left(\frac{2001}{2243}\right)$$

を計算しましょう。2243 は，ブルーバックスにおける本書の通巻番号であり，素数です。$2001 = 2243 - 242$ だから，余りの法則より，

$$\left(\frac{2001}{2243}\right) = \left(\frac{-242}{2243}\right)$$

となり，$-242 = (-1) \times 2 \times 11^2$ だから，

$$\left(\frac{-242}{2243}\right) = \left(\frac{-1}{2243}\right)\left(\frac{2}{2243}\right)\left(\frac{11}{2243}\right)^2$$
$$= \left(\frac{-1}{2243}\right)\left(\frac{2}{2243}\right)$$

となります。2243 は 4 で割ると 3 余る素数であり，8 で割ると 3 余る素数だから，第 1 補充法則と第 2 補充法則より，

$$\left(\frac{-1}{2243}\right)\left(\frac{2}{2243}\right) = (-1) \times (-1) = 1$$

となります。

ここで，これまで述べてきたルジャンドルの記号についての公式をまとめておきましょう。

p を奇数の素数とし，a, b を p で割り切れない整数とするとき，次の公式が成り立ちます。

(1) $\left(\dfrac{1}{p}\right) = 1$

(2) $a = pn + r$ のとき，$\left(\dfrac{a}{p}\right) = \left(\dfrac{r}{p}\right)$ （余りの法則）

(3) $\left(\dfrac{ab}{p}\right) = \left(\dfrac{a}{p}\right)\left(\dfrac{b}{p}\right)$ （積の法則）

(4) $\left(\dfrac{-1}{p}\right) = (-1)^{\frac{p-1}{2}}$ （第 1 補充法則）

(5) $\left(\dfrac{2}{p}\right) = (-1)^{\frac{p^2-1}{8}}$ （第 2 補充法則）

(6) $\left(\dfrac{q}{p}\right) = (-1)^{\frac{p-1}{2}\cdot\frac{q-1}{2}}\left(\dfrac{p}{q}\right)$ （平方剰余の相互法則）

これらの公式を使うと，奇数の素数 p と，p で割り切れないすべての整数 a に対して，$\left(\dfrac{a}{p}\right)$ の値を計算することができます。つまり，a が p の平方剰余かどうかが，これらの公式からわかります。

a が p で割り切れるときのルジャンドルの記号を

$$\left(\frac{a}{p}\right) = 0$$

と定義する場合もあります。本書では，場合分けを増やさないように，a が p で割り切れない場合のみを扱うことにしています。

第**2**部
黄金定理は
どう見出されたか

Carolus
Fridericus
Gauss

$$\left(\frac{p}{q}\right)\left(\frac{q}{p}\right) = (-1)^{\frac{p-1}{2}\cdot\frac{q-1}{2}}$$

Theorematis Aurei

第4章 相互法則の誕生前夜

平方剰余の相互法則の歴史を遡ると，3世紀の数学者ディオファントスの研究に到達すると考えられます。ディオファントスは，2変数2次の方程式の有理数解や整数解を研究しました。その研究は17世紀の数学者フェルマーや，その後のオイラー，ガウスに受け継がれます。

この章では，相互法則発見の前夜ともいえるフェルマーまでの歴史を紹介します。

4.1 ディオファントスの『算術』

3世紀頃のギリシャの数学者ディオファントスから話を始めましょう。

ディオファントスについて知られているのは，250年頃に活躍した人であるらしいこと，アレクサンドリアに住んでいたことだけで，詳しい生涯は知られていません（生没年は不詳）。

ディオファントスの名が残っているのは著書『算術』があるからです。ディオファントスは『算術』の序文で，同書が13巻に分かれていると述べていますが，6巻分のみがギリシャ語で残っていて，現在までに，他の4巻分がアラビア語訳で発見されています。

6世紀頃の『ギリシャ詞華集』の中の算術問題集に，次のような言い伝えが残っています。

ディオファントスは一生の 6 分の 1 を少年として過ごし，そのあと一生の 12 分の 1 たってからひげを生やした。さらに一生の 7 分の 1 たったあと結婚し，5 年後に息子が生まれた。息子は父の一生の半分を生きたのち亡くなってしまった。ディオファントスは息子の死後，4 年間たってから生涯を閉じた。

この文章から，ディオファントスの年齢を x 歳として，

$$\frac{1}{6}x + \frac{1}{12}x + \frac{1}{7}x + 5 + \frac{1}{2}x + 4 = x$$

という 1 次方程式が立てられます。これを解くと

$$x = 84$$

となります。上の言い伝えが正しいなら，ディオファントスは 84 歳まで生きたことになります。

ディオファントスは『算術』の第 2 巻で

　　　　与えられた平方数を 2 つの平方数に分けること

という問題を提示しています。ディオファントスは平方数を整数ではなく，より簡単に解くことができる有理数の範囲で考えています。たとえば，16 を

$$16 = \left(\frac{16}{5}\right)^2 + \left(\frac{12}{5}\right)^2$$

のように表し，計算のアルゴリズムを与えています。じつは，

この問題の解法から，任意の自然数 n に対して，

$$n^2 = x^2 + y^2$$

は，無数の有理数の解 (x, y) をもつことがわかります。

ディオファントスは $a^2 = (c-b)(c+b)$ という公式を知っていて，整数 m, n が与えられたとき，

$$(a, b, c) = (m^2 - n^2,\ 2mn,\ m^2 + n^2)$$

が，三平方の定理 $a^2 + b^2 = c^2$ を満たすことを得ていました。たとえば，$m = 2$, $n = 1$ とすると，$(a,\ b,\ c) = (3,\ 4,\ 5)$ が得られ，$m = 3$, $n = 2$ とすると，$(a,\ b,\ c) = (5,\ 12,\ 13)$ が得られます。

のちにフェルマーは『算術』に大きな影響を受けることになります。$x^2 + y^2 = z^2$ のような方程式を満たす解を整数の範囲で求めることは不定解析，あるいはディオファントス解析とよばれています。『算術』にこのような方程式の問題がたくさん集められていたことにより，ディオファントスの名称がついています。

ディオファントスの著書はユークリッドの『原論』と異なり，公理から始まる整然とした理論体系を書いたものではなく，多くの問題が集められたものです。ディオファントスが扱っているのは，ほとんどが解がひと通りに定まらない方程式の問題，つまり不定方程式の問題です。

$a^2 + b^2 = c^2$ の整数解の問題は，平方数を 2 つの平方数の和で表す問題と見ることができます。この問題は，一般に自然数 n を 2 つの平方数の和で表す問題へと発展していきます。

　ディオファントスは2つの平方数の和として表される素数と表されない素数があることに気づき，ここに興味深い法則があることを見出しました。たとえば，5や13は

$$5 = 1^2 + 2^2, \quad 13 = 2^2 + 3^2$$

のように，2つの平方数の和として表されますが，3や7はこのように2つの平方数の和として表すことができません。

　また，ディオファントスは素数でなく，合成数である場合も述べています。たとえば，15が2つの平方数の和で表すことができないことを『算術』の第6巻で述べています。また，65が2個の平方数の和に2通りの異なった方法で

$$65 = 1^2 + 8^2 = 4^2 + 7^2$$

のように表されること，そして65が，2個の平方数の和として表すことのできる5と13の積であることを見出していました。ディオファントスは，

$$(a^2 + b^2)(x^2 + y^2) = (ax + by)^2 + (ay - bx)^2$$
$$(a^2 + b^2)(x^2 + y^2) = (ax - by)^2 + (ay + bx)^2$$

という公式を知っていたのものと思われます。$a = 1$, $b = 2$, $x = 2$, $y = 3$ とすると，

$$5 \cdot 13 = (2+6)^2 + (3-4)^2 = 8^2 + 1^2$$
$$5 \cdot 13 = (2-6)^2 + (3+4)^2 = 4^2 + 7^2$$

となります。

　上の公式は，1225年に刊行されたフィボナッチ（1174？−

1250?）の『平方数の書』で紹介され，一般に知られるようになりました。

4.2　直角三角形の基本定理

　ディオファントスの時代からおよそ 1350 年後，ピエール・ド・フェルマー（1607–1665）は，フランス南西部にあるトゥールーズに近い小さな町で生まれました。裕福な中流階級の家庭で育ち，法律学を修めてトゥールーズの州高等裁判所の参事官に任じられて，この法院の官として一生を過ごしました。

　フェルマーの仕事上の人生はむしろ平凡といってもいいかもしれません。フェルマーはラテン語，ギリシャ語，イタリア語，スペイン語に熟達していて，写本の収集も手掛けていました。

　しかし，フェルマーが本当に情熱を捧げたのは数学に対してでした。フェルマーがいつ頃から数学に関心をもつようになったかの資料は残っていませんが，20 代後半には数学の研究を始めていたと考えられています。

　フェルマーは，曲線の長さを求める方法に関する小論を友人の本の付録として匿名で出版した以外は，著作を出版していません。手書きの原稿を配付したり，他の数学者たちと文通したり，彼がすでに知っている定理を証明するように求めることで他の数学者に挑戦したりしていました。数論において，フェルマーの証明は特別な場合を除いてほとんど残されておらず，残されているのは，フェルマー自身が証明を得ていたという記述のみです。

　フェルマーがおもに文通を続けた相手は，前述のメルセン

ヌとカルカヴィです。また，パスカル（1623–1662）やホイ
ヘンス（1629–1695）とも文通をしていました。

　フェルマーの数学は，フランスの言語学者バシェが翻訳し
たディオファントスの『算術』の欄外に記した注釈と，友人
との手紙のやり取りから知ることができます。

　『算術』の欄外に記した内容で，やがて平方剰余の相互法則
に結びついていくものはこのあとで説明しますが，それ以外
で有名な定理として，フェルマーの最終定理

　　　$n \geqq 3$ のとき，$x^n + y^n = z^n$ を満たす自然数 x, y, z
　　　は存在しない

があります。長きにわたって未解決の問題でしたが，1995 年
に解決されました。この定理はフェルマーの大定理ともよば
れています。1.2 節で紹介したフェルマーの定理を小定理と
いっているのは，この大定理と対比しての呼び方です。

　フェルマーはまた，$2^{2^n} + 1$ という形の数がすべて素数で
あろうと予想しました。この形の数と素数はそれぞれ，フェ
ルマー数，フェルマー素数とよばれています。

　$n = 0, 1, 2, 3, 4$ のとき，

$$2^{2^0} + 1 = 2^1 + 1 = 3$$
$$2^{2^1} + 1 = 2^2 + 1 = 5$$
$$2^{2^2} + 1 = 2^4 + 1 = 17$$
$$2^{2^3} + 1 = 2^8 + 1 = 257$$
$$2^{2^4} + 1 = 2^{16} + 1 = 65537$$

となります。フェルマー数は，$n = 0$ から $n = 4$ まではすべて素数ですが，$n = 5$ のとき合成数であることがオイラーによって示されました。

$$2^{2^5} + 1 = 2^{32} + 1 = 4294967297 = 641 \times 6700417$$

となります。

現在までに，フェルマー素数は上記の 5 個しかわかっていません。オイラーの発見によってフェルマーの予想は成り立たないことがわかりましたが，のちにガウスが，正多角形の作図がフェルマー素数と関係があることを見出し，フェルマー素数の意義が見直されました。

フェルマーの研究を出版する話は何度かもちあがり，フェルマー自身も本を書いて自分の研究を公表する意志を表明していました。しかし，当時の出版事情や出版のために証明を書き上げる困難などのために結局，実現されないままに終わってしまいました。

フェルマーが友人たちに書き送った手紙は，彼の死後，息子によって収集され，現在は全 4 巻からなる全集が出版されています。

フェルマーの数論のテーマは不定解析，すなわち不定方程式の解法理論を中心とした数論です。それは，ディオファントスの『算術』のテーマが不定解析であったことからきています。フェルマーは「欄外ノート」や手紙の中で，何度か「直角三角形の基本定理」にふれています。これは

4 で割って 1 余る素数 p は $p = x^2 + y^2$ と表される

という命題です。フェルマー以前にも，すでにフランスの数学者ジラールによって知られていたようです。フェルマーは1640 年にメルセンヌにあてた手紙に書いています。そして，1641 年に友人のフレニクル（1604–1674）にあてた手紙で「直角三角形の基本定理」とよんでいます。

ディオファントスは，

> p が 4 で割って 3 余る素数のとき，$p = x^2 + y^2$ と
> 表すことができない

ことを知っていました。いいかえると，

> 奇数の素数 p が $p = x^2 + y^2$ を満たすとき，p は 4
> で割って 1 余る素数である

となります。理由は簡単で，奇数の素数 p に対して，$p = x^2 + y^2$ であるとき，x^2 と y^2 は一方が偶数で 4 で割り切れる数，もう一方が奇数で 4 で割って 1 余る数です。したがって，素数 p は 4 で割って 1 余る数であることがわかります。

直角三角形の基本定理を確かめてみましょう。30 以下の 4 で割って 1 余る素数は，

$$5, \quad 13, \quad 17, \quad 29$$

です。そして，これらの素数は

$$5 = 1^2 + 2^2$$

$$13 = 2^2 + 3^2$$

$$17 = 1^2 + 4^2$$

$$29 = 2^2 + 5^2$$

のように，2 つの平方数の和になっています。そして，フェルマーは 1659 年にカルカヴィにあてた手紙で，直角三角形の基本定理を証明したと述べています。その手紙には，次のように書かれています。

> 私の方法を肯定的な問題に適用するのにはずいぶん時間がかかりました，というのはそれに達するのは否定的な定理に適用するのよりはるかにむずかしいからです。それですから，4 の倍数より 1 だけ大きい数が二つの平方数からなることを証明せねばならぬときは，大層苦しみました。しかしながら，何度も瞑想を繰り返したすえ，ついに，欠けていた光明があらわれ，肯定的な問題が私の方法に届したのです。
>
> （[2] より）

このように述べたあと，どのように考えたかを説明しています。この中で，フェルマーが「私の方法」と記しているのは，「無限降下法」とよばれる証明の方法です。

無限降下法は，与えられた命題がある自然数について成り立つならば，より小さい自然数について成り立つことを示し，自然数が無限に減少することはできないことから，矛盾が導かれるという論法です。

　手紙の中でフェルマーが述べている考えを簡単に紹介します。フェルマーは，2つの平方数の和で表せないような4で割って1余る素数が存在するならば，同じ性質をもつ，より小さい素数が存在することを主張しています。このことを繰り返し用いると，

$$p \ > \ p_1 \ > \ p_2 \ > \ p_3 \ > \ \cdots$$

という2つの平方数の和で表せない，4で割って1余る素数の列ができます。このような素数の列は無限に続くことはないので矛盾が生じます。フェルマーは，より具体的に，この4で割って1余る素数の列が最後には最小値5に到達することと，5は $5 = 1^2 + 2^2$ のように2つの平方数の和で表すことができることに矛盾を見出しています。

　しかし，フェルマーの証明は書き残されておらず，最初に証明したのはオイラーでした。1760年の論文で発表しています。

　フェルマーの「直角三角形の基本定理」は，現在では，

　　奇数の素数 p が4で割って1余る素数であること
　　と，p が2つの平方数の和で表されることとは同値
　　である

とまとめられ，フェルマーの**平方和定理**とよばれています。

　フェルマーはフレニクル，パスカル，ディグビーにあてた手紙で次のことも述べています。

（1）8で割って1または7余る素数は $x^2 - 2y^2$ と表される

（1641 年のフレニクルへの手紙）。

(2) 3 で割って 1 余る素数は $x^2 + 3y^2$ と表される（1654 年のパスカルへの手紙ほか）。

(3) 8 で割って 1 または 3 余る素数は $x^2 + 2y^2$ と表される（1654 年のパスカルへの手紙ほか）。

(4) 20 で割って 3 または 7 余る 2 つの素数の積は $x^2 + 5y^2$ と表せる（1658 年のディグビーへの手紙）。

フェルマーは，これらについても証明を書き残しませんでしたが，オイラーをはじめ，のちの数学者によって証明されています。

フェルマーの見出した命題は，平方数の和による数の表現という，数論の 1 つの中心的なテーマの始まりとなったのです。

第5章 相互法則の夜明け

第4章では，平方剰余の相互法則の源流をディオファントスまで遡り，ディオファントスの研究がフェルマーに流れ込んでいくようすを見てきました。フェルマーは多くのことを発見しましたが，証明を書き残していなかったため，その証明をしようという努力がオイラーによってなされました。

その研究の中で，オイラーは平方剰余の相互法則を見出します。そして，オイラーの研究はラグランジュ（1736–1813），ルジャンドルに受け継がれ，平方剰余の相互法則が現在の形になっていきます。この章では，その経緯を眺めていきます。

5.1 オイラーの発見

レオンハルト・オイラー（1707–1783）はスイスで生まれました。前述のとおり，歴史上最も多産な数学者であるといえます。純粋数学や応用数学の多くの分野にわたって研究をしています。オイラーの全集は70巻以上にも及びますが，今なお完結していません。

オイラーの生涯は，フェルマーの生涯とは対照的で，さまざまな出来事に満ちています。オイラーの父親はプロテスタントの牧師で，スイスのバーゼルに近いリーヘンに住んでいました。大学で神学を学ぶ一方，数学の講義にも出席していました。その父親から，オイラーは最初の数学教育を受ける

ことになります。オイラーは 13 歳でバーゼル大学に入学し，数学を勉強しました。そして 18 歳の頃，数学の最初の研究論文を発表します。

オイラーは 1726 年，ロシアのペテルブルクのアカデミーに招かれました。翌 1727 年にペテルブルクに移り，そこで 14 年間を過ごします。1741 年にプロイセンのフリードリヒ大王からベルリンアカデミーに招かれ，そこでの 25 年の歳月の後，ロシアのエカテリーナ 2 世がオイラーをふたたびペテルブルクに呼び寄せます。そこでオイラーは残りの人生の 17 年間を過ごすことになります。1771 年頃に視力を失いますが，その後も信じがたいほどの努力で研究を続けました。

オイラーの名を一躍有名にしたのは，

$$\frac{1}{1^2} + \frac{1}{2^2} + \frac{1}{3^2} + \frac{1}{4^2} + \cdots$$

の値を求める問題です。スイスのバーゼルでヤコブ・ベルヌーイ（1654–1705）たちが取り組んでいたため「バーゼルの問題」とよばれていました。

1735 年，28 歳のオイラーは，この無限級数の和が $\frac{\pi^2}{6}$ であることを示してこの問題を解決しました。

オイラーはゴールドバッハによって，数論への興味を喚起されたようです。ゴールドバッハはアマチュアの数学者で，現在「ゴールドバッハの予想」とよばれている未解決の予想，

4 以上の偶数は 2 個の素数の和で表せる

で有名です。ゴールドバッハは 1742 年，この問題をオイラーに書き送っています。オイラーはゴールドバッハと文通を続け，数論の問題について議論しています。

オイラーは，フェルマーが証明したと書き残した記述に興味をもち，研究しました。そして，フェルマーが言及した重要な定理のいくつかについて証明を与えています。この意味でオイラーは，フェルマーの真の後継者であるといえます。

1741 年頃，オイラーはフェルマーが研究した $x^2 + dy^2$ ($d = 1, \pm 2, 3$) の表す素数の法則を一般化することを目指し，d と互いに素な奇数の素数について，次の素数の法則を調べます。

(1) $x^2 + dy^2$ (x, y は互いに素) の表す数の素因数
(2) $x^2 + dy^2$ (x, y は互いに素) の表す素数

オイラーは，$d > 0$ の場合を 16 個，$d < 0$ の場合を 18 個調べ，1751 年の論文で発表しました。オイラーのこの論文は数値計算の結果で証明はありませんが，$x^2 + dy^2$ の表す数の素因数の法則を見出しています。

一方，$x^2 + dy^2$ の表す素数の法則を見出すのは難しかったと思われます。オイラーの時代の数学はまだ，その法則を見出せるほどには発展していなかったのです。

オイラーが研究した $x^2 + dy^2$ の表す数の素因数の法則は，d が合成数の場合も含んでいて複雑なので，d を奇数の素数 q の -1 倍，つまり $d = -q$ とし，$x^2 - qy^2$ (x, y は互いに素) に限定して紹介します。このとき，次の命題が成り立ちます。

q と異なる奇数の素数 p が, $x^2 - qy^2$ (x, y は互いに素) の表す数の素因数であることと, $p = 4qn \pm r^2$ と表されることは同値である。ただし, r は q と互いに素な奇数を表す。

　以下では, わかりやすさを重視して, 命題を

$$p \mid x^2 - qy^2 \iff p = 4qn \pm r^2$$

のように数式で表すことにします。$a \mid b$ は, a が b を割り切るという意味です。

　たとえば, $q = 2,\ 3,\ 5$ のとき,

$$p \mid x^2 - 2y^2 \iff p = 8n \pm 1$$
$$p \mid x^2 - 3y^2 \iff p = 12n \pm 1$$
$$p \mid x^2 - 5y^2 \iff p = 20n \pm 1,\ \pm 9$$

などの関係が成り立ちます。これが, オイラーが発見した法則の一部です。

　このオイラーの法則が, これまで見てきた平方剰余の相互法則

$$\left(\frac{p}{q}\right)\left(\frac{q}{p}\right) = (-1)^{\frac{p-1}{2} \cdot \frac{q-1}{2}}$$

と同じであることは 5.3 節で確認します。

　オイラーは, $x^2 + dy^2$ が表す素数の一般的な法則は見出すことができませんでした。この法則は後年, ガウスによって解明されることになります。

5.2 $x^2 + y^2$ の表す数の素因数の法則

　オイラーは，フェルマーが見出した法則や自分自身が発見した法則の証明を試みます。しかし，当時はまだ，演算に着目して数の性質を調べる群論，環論，体論などの数学がなかったので，証明には多くの苦労をともないました。オイラーの証明の試みが，これらの代数学の理論の萌芽であるといえます。

　フェルマーの平方和定理，

　　奇数の素数 p が 4 で割って 1 余る素数であることと，p が 2 つの平方数の和で表されることは同値である

$$p = 4n + 1 \quad \Longleftrightarrow \quad p = a^2 + b^2$$

の，オイラーによる証明の流れを説明します。

　オイラーは 1758 年の論文で，平方和定理を次の 2 つのステップに分けて証明する方針を示します。

(1) p が 4 で割って 1 余る素数ならば，p は互いに素な 2 つの平方数の和で表される数の素因数になる。

$$p = 4n + 1 \quad \Longrightarrow \quad p \mid x^2 + y^2$$

(2) 互いに素な 2 つの平方数の和で表される数の素因数は，2 つの平方数の和で表される。

$$p \mid x^2 + y^2 \quad \Longrightarrow \quad p = a^2 + b^2$$

（1）と（2）から

$$p = 4n + 1 \implies p = a^2 + b^2$$

がいえます。逆の

奇数の素数 p が互いに素な 2 つの平方数の和で表される ならば，p は 4 で割って 1 余る素数である

$$p = 4n + 1 \impliedby p = a^2 + b^2$$

は，4.2 節で述べたように簡単に示すことができるので，（1）と（2）が示されれば，平方和定理

$$p = 4n + 1 \iff p = a^2 + b^2$$

が示されます。

　オイラーは，1758 年の同じ論文で，フェルマーが考案した無限降下法を用いて，（2）を証明しています。残された（1）の証明は難しく，1760 年の論文で発表しています。

　（1）は，次の命題（3）より示されます。命題（3）の証明の流れはあとで解説します。

（3）p が 4 で割って 1 余る素数ならば，p は $x^2 + 1$ が表す数の素因数になる。

$$p = 4n + 1 \implies p \mid x^2 + 1$$

$x^2 + 1 = x^2 + 1^2$ とみることができるので，

$x^2 + 1$ が表す数の素因数は $x^2 + y^2$（x, y は互いに素）

が表す数の素因数である。

$$p \mid x^2 + 1 \quad \Longrightarrow \quad p \mid x^2 + y^2$$

が成り立つので，（3）がいえれば，（1）の

$$p = 4n + 1 \quad \Longrightarrow \quad p \mid x^2 + y^2$$

がいえます。

これらのことをまとめると，

$$p = 4n + 1 \quad \Longrightarrow \quad p \mid x^2 + 1 \quad \Longrightarrow \quad p \mid x^2 + y^2$$
$$\Longrightarrow \quad p = a^2 + b^2 \quad \Longrightarrow \quad p = 4n + 1$$

となっています。これらの関係を見ると，平方和定理

$$p = 4n + 1 \quad \Longleftrightarrow \quad p = a^2 + b^2$$

だけでなく，平方剰余の相互法則の第 1 補充法則

$$p = 4n + 1 \quad \Longleftrightarrow \quad p \mid x^2 + 1$$

も示されていることがわかります。

オイラーによる平方和定理の証明の中に，平方剰余の相互法則の第 1 補充法則との出会いがあるのです。

ここで，（3）の

$$p = 4n + 1 \quad \Rightarrow \quad p \mid x^2 + 1$$

の証明の流れを説明します。

p は 4 で割って 1 余る素数だから，$\dfrac{p-1}{2}$ は整数です。

フェルマーの小定理より，a を p で割り切れない数とするとき，p は

$$a^{p-1} - 1 = (a^{\frac{p-1}{2}} - 1)(a^{\frac{p-1}{2}} + 1)$$

を割り切ります。p は素数だから，ある a に対して，p が $a^{\frac{p-1}{2}} - 1$ を割り切らなければ，p はその a に対して

$$a^{\frac{p-1}{2}} + 1 = (a^{\frac{p-1}{4}})^2 + 1$$

を割り切り，$x = a^{\frac{p-1}{2}}$ と考えると，p は $x^2 + 1$ の表す数の素因数になります。

　したがって，p が $a^{\frac{p-1}{2}} - 1$ を割り切らないような a の存在を示すことが証明の鍵です。このことは，第 7 章で紹介する n 次合同式が 0，1，2，$\cdots$，$p-1$ に高々 n 個の解をもつという事実を使えば，簡単に示せます。しかし，オイラーの時代にはこのような概念がなかったため，困難をともないました。

　オイラーの初期の証明は，

$$1^{\frac{p-1}{2}} - 1, \quad 2^{\frac{p-1}{2}} - 1, \quad \cdots, \quad (p-1)^{\frac{p-1}{2}} - 1 \quad (5.1)$$

の階差数列を $\dfrac{p-1}{2}$ 回とると，

$$(\frac{p-1}{2})!, \quad (\frac{p-1}{2})!, \quad \cdots, \quad (\frac{p-1}{2})! \quad (5.2)$$

となることを用いています。

　階差数列とは，数列の隣り合う項の差をとってできる数列のことです。

$$a_1, \quad a_2, \quad a_3, \quad a_4, \quad \cdots$$

の階差数列は，

$$a_2 - a_1, \quad a_3 - a_2, \quad a_4 - a_3, \quad \cdots$$

になります。

　(5.1) がすべて p で割り切れるとすると，階差数列の各項が p で割り切れ，(5.2) がすべて p で割り切れることになり，矛盾が生じます。オイラーはこのような論法で，p が $a^{\frac{p-1}{2}} - 1$ を割り切らないような a の存在を示しています。

　後年，1774 年の論文において，オイラーは n 次合同式が $0, 1, 2, \cdots, p-1$ に高々 n 個の解をもつという定理を $x^n \equiv 1 \pmod{p}$ の場合に証明し，別の証明を得ています。合同式については第 7 章で説明します。

　このように，オイラーの初期の証明はフェルマーの小定理を巧みに応用したものでした。オイラーはその後，フェルマーの小定理の背後に，$0, 1, 2, \cdots, p-1$ の数に対して，

$$(a+b) \div p \text{ の余り}, \quad ab \div p \text{ の余り}$$

により，足し算やかけ算が定義できることを見出し，証明を進化させます。

5.3　オイラーの法則と平方剰余の相互法則

　この節で，オイラーの見出した法則

$$p \mid x^2 - qy^2 \iff p = 4qn \pm r^2 \quad (r \text{ は } q \text{ と互いに素な奇数})$$

103

が，平方剰余の相互法則

$$\left(\frac{p}{q}\right)\left(\frac{q}{p}\right) = (-1)^{\frac{p-1}{2} \cdot \frac{q-1}{2}}$$

と同じであることを示します。ルジャンドルの記号の積の法則と第1補充法則は既知であるとします。

まず，a を p で割り切れない整数とするとき，$x^2 - ay^2$（x, y は互いに素）が表す数の素因数が $x^2 - a$ が表す数の素因数と同じであること，つまり，a を割り切らない素数 p について，

$$p \mid x^2 - ay^2 \quad \Longleftrightarrow \quad p \mid x^2 - a$$

が成り立つことを示します。

3.1 節で説明したように，

$$p \mid x^2 - a \quad \Longleftrightarrow \quad \left(\frac{a}{p}\right) = 1$$

が成り立ちました。したがって，

$$p \mid x^2 - ay^2 \quad \Longleftrightarrow \quad \left(\frac{a}{p}\right) = 1$$

を示せば十分です。

$x^2 - a = x^2 - a \cdot 1^2$ と考えると，$x^2 - a$ が表す数の素因数が $x^2 - ay^2$ が表す数の素因数であることは明らかです。つまり，

$$p \mid x^2 - ay^2 \quad \Longleftarrow \quad \left(\frac{a}{p}\right) = 1$$

が成り立ちます。次に，逆の

$$p \mid x^2 - ay^2 \quad \Longrightarrow \quad \left(\frac{a}{p} \right) = 1$$

を示します。

p を $x^2 - ay^2$ の表す数の素因数として，$x^2 - ay^2 = pk$ とおきます。x, y は互いに素だから，x と p が互いに素になり，y と p も互いに素になります。$x^2 = pk + ay^2$ と変形すると，平方剰余の定義より，ay^2 が p の平方剰余であることがわかります。つまり，

$$\left(\frac{ay^2}{p} \right) = 1$$

です。さらに，p が y を割り切らないので，積の法則より，

$$\left(\frac{ay^2}{p} \right) = \left(\frac{a}{p} \right) \left(\frac{y}{p} \right)^2 = \left(\frac{a}{p} \right)$$

だから，

$$\left(\frac{a}{p} \right) = 1$$

となります。

以上により，

$$p \mid x^2 - ay^2 \quad \Longleftrightarrow \quad \left(\frac{a}{p} \right) = 1$$

が示されました。

オイラーの見出した法則

$$p \mid x^2 - qy^2 \quad \Longleftrightarrow \quad p = 4qn \pm r^2 \ (r \text{ は } q \text{ と互いに素な奇数})$$

に戻りましょう。

まず，上で説明したように，

$$p \mid x^2 - qy^2 \quad \Longleftrightarrow \quad \left(\frac{q}{p} \right) = 1$$

が成り立ちます。

次に，$p = 4qn \pm r^2$ について考えます。r は奇数だから，$\pm r^2$ の符号は，次のように決まります。

奇数 r^2 を 4 で割った余りが 1 だから，p が 4 で割って 1 余る素数のとき，$p = 4qn + r^2$ となり，p が 4 で割って 3 余る素数のとき，$p = 4qn - r^2$ となります。つまり

$$r^2 = \begin{cases} 4q(-n) + p & (p \text{ が 4 で割って 1 余る素数}) \\ 4qn - p & (p \text{ が 4 で割って 3 余る素数}) \end{cases}$$

です。

この式から，次のことがわかります。p が 4 で割って 1 余る素数のとき，平方剰余の定義より p は q の平方剰余だから $\left(\dfrac{p}{q} \right) = 1$，$p$ が 4 で割って 3 余る素数のとき，$-p$ は q の平方剰余だから $\left(\dfrac{-p}{q} \right) = 1$ となります。

$$(-1)^{\frac{p-1}{2}} = \begin{cases} 1 & (p \text{ が 4 で割って 1 余る素数}) \\ -1 & (p \text{ が 4 で割って 3 余る素数}) \end{cases}$$

を用いると，

$$\left(\frac{(-1)^{\frac{p-1}{2}} p}{q} \right) = 1$$

となります。

　証明は割愛しますが，この議論を逆にたどれば，

$$\left(\frac{(-1)^{\frac{p-1}{2}} p}{q} \right) = 1$$

から

$$r^2 = \begin{cases} 4q(-n) + p & (p \text{ が 4 で割って 1 余る素数}) \\ 4qn - p & (p \text{ が 4 で割って 3 余る素数}) \end{cases}$$

となることが示されます。

　したがって，

$$p = 4qn \pm r^2 \quad \Longleftrightarrow \quad \left(\frac{(-1)^{\frac{p-1}{2}} p}{q} \right) = 1$$

が得られます。

　以上で，

$$p \mid x^2 - qy^2 \quad \Longleftrightarrow \quad \left(\frac{q}{p} \right) = 1$$

$$p = 4qn \pm r^2 \quad \Longleftrightarrow \quad \left(\frac{(-1)^{\frac{p-1}{2}} p}{q} \right) = 1$$

の関係式が得られました。これをまとめると，オイラーの見出した相互法則

$$p \mid x^2 - qy^2 \quad \Longleftrightarrow \quad p = 4qn \pm r^2$$

は，

$$\left(\frac{q}{p} \right) = 1 \quad \Longleftrightarrow \quad \left(\frac{(-1)^{\frac{p-1}{2}} p}{q} \right) = 1$$

と同じになります。ルジャンドルの記号は ± 1 の値しかとらないので，これは

$$\left(\frac{q}{p} \right) = -1 \quad \Longleftrightarrow \quad \left(\frac{(-1)^{\frac{p-1}{2}} p}{q} \right) = -1$$

と同じになります。したがって，オイラーの見出した法則は，

$$\left(\frac{q}{p} \right) = \left(\frac{(-1)^{\frac{p-1}{2}} p}{q} \right)$$

といいかえられます。

次に，この式が平方剰余の相互法則と同じであることを示します。

積の法則と平方剰余の相互法則の第 1 補充法則を用いると，右辺が

$$\left(\frac{(-1)^{\frac{p-1}{2}} p}{q} \right) = \left(\frac{-1}{q} \right)^{\frac{p-1}{2}} \left(\frac{p}{q} \right) = \{ (-1)^{\frac{q-1}{2}} \}^{\frac{p-1}{2}} \left(\frac{p}{q} \right)$$

と変形でき,

$$\left(\frac{q}{p} \right) = \left(\frac{(-1)^{\frac{p-1}{2}} p}{q} \right)$$

は,

$$\left(\frac{q}{p} \right) = (-1)^{\frac{p-1}{2} \cdot \frac{q-1}{2}} \left(\frac{p}{q} \right)$$

になります。平方剰余の相互法則が現れました。

これで, オイラーが見出した法則が平方剰余の相互法則と同じであることが示されました。

5.4　ルジャンドルとガウス, それぞれの発見

オイラー以降の相互法則の発見についてまとめます。オイラーは $x^2 - ay^2$ の表す数の素因数の法則を発見しました。しかし, 証明はしなかったので, 平方剰余の相互法則を予想した, といえます。

これまでに述べたように, オイラーは, フェルマーが見出した法則や自ら見出した法則に証明を与えています。オイラーは多くの実例について考察をしていますが, 一般的な考察については, オイラーのあと, ラグランジュの重要な研究があります。

ラグランジュについて詳しいことは割愛しますが, 1773 年

の『数論研究』において，2変数の2次式の理論を展開し，一般的な考察に基づいて，$x^2 + 2y^2$ の表す素数や $x^2 + 3y^2$ の表す素数などに関する命題を含む一連の命題を得ています。そして，オイラーの研究に続いて，$x^2 + 5y^2$ の表す素数の法則を示しています。

$x^2 + 5y^2$ の表す素数の法則は，$x^2 + 2y^2$ や $x^2 + 3y^2$ の表す素数の法則とは異なる，新しい数学の現象を明らかにすることになります。このことは第10章で触れます。

ラグランジュは，フェルマーやオイラーが個別に考察してきた問題を系統的に，しかも完全な理論にまで高めました。のちにガウスは，ラグランジュの研究をさらに発展させ，2変数の2次式の理論をつくり上げることになります。

ガウスはラグランジュの研究について，『数論研究』の第222条「歴史に関する諸注意」で紹介しています。ラグランジュの著書『数論研究』の名前を，自身の著作の書名に選んだともいわれています。

ラグランジュのあと，ルジャンドルが登場します。論文や書籍から類推すると，ルジャンドルもまた，オイラーと同じように2次形式の研究から平方剰余に到達し，相互法則を発見したと考えられます。しかし，オイラーが整数 a に対して，$x^2 - ay^2$ の表す数の素因数の法則，つまり

$$\left(\frac{a}{p} \right)$$

の法則を調べたのとは異なり，ルジャンドルは2つの奇数の素数 p, q に対して

$$\left(\frac{p}{q}\right) \quad と \quad \left(\frac{q}{p}\right)$$

の法則を調べたのが慧眼でした。ルジャンドルは記号も定義し，

$$\left(\frac{q}{p}\right) = (-1)^{\frac{p-1}{2}\cdot\frac{q-1}{2}}\left(\frac{p}{q}\right)$$

を発表しています。現在，私たちが目にするのと同じ形の平方剰余の相互法則を発見したのはルジャンドルである，といえます。

　一方，ガウスはオイラーやルジャンドルとは独立に，平方剰余を研究するなかで，平方剰余の相互法則を発見しています。

　ガウスは別の研究をしているときに，平方剰余の相互法則の第 1 補充法則，つまり奇数の素数 p について，

$$\left(\frac{-1}{p}\right) = 1 \quad \Longleftrightarrow \quad p = 4n + 1$$

に出会います。先にも紹介したように，ガウスは『数論研究』に次のように書いています。

　　私はそのころ，ある別の研究に没頭していた。ところが，そのような日々の中で，私はゆくりなくあるすばらしいアリトメティカの真理（もし私が思い違いをしているのでなければ，それは第 108 条の定理であった）に出会ったのである。　　（[25] より）

第108条とは，平方剰余の相互法則の第1補充法則のことでした。ガウスによる定理の発見の経緯が気になるところですが，資料は残されていないようです。ガウスがどのようにして平方剰余の相互法則の第1補充法則を発見したのかはわかりませんが，その後は「帰納的」に研究したとあります。『数論研究』の構成をもとに，「帰納的に」ということをわかりやすく説明すると，次のようになります。まず，$x^2 + 1$（x は整数）が表す数の素因数の法則（平方剰余の相互法則の第1補充法則）を証明します。続いて，$a = \pm 2$, ± 3, ± 5, ± 7 の場合に，

$$x^2 - a \text{（x は整数）が表す数の素因数の法則}$$

を証明し，一般の平方剰余の相互法則を予想した，ということになります。5.3節で見たように，$x^2 - a$ の表す数の素因数は，

$$x^2 - ay^2 \text{（x, y は互いに素）の表す数の素因数}$$

と同じになります。

平方剰余の相互法則は，ルジャンドルの2つの奇数の素数の間の相互法則と，ガウスの平方剰余の理論における基本定理を合わせた名前になっています。そして，記号と相互法則という名称については，ルジャンドルのものが現在に伝わっています。

5.5 ルジャンドルの『数の理論』

平方剰余の相互法則に大いなる貢献をしたルジャンドルとは，どのような人物だったのでしょうか。

アドリアン・マリー・ルジャンドル（1752–1833）はパリの裕福な家庭に生まれ，パリの郊外でその生涯を終えました。ラプラス（1749–1827），ラグランジュとともに，「3L」と並び称されています。

ルジャンドルは，若いときは経済的にも安定していて，数学に時間を費やすことができたようです。18 歳のときに，数学と物理学に関する学位論文の審査に受かりました。1775 年から数年間，パリの士官学校で教職に就き，1782 年には弾道学に関する論文を書き，ベルリンに送って賞を受けました。これによって，当時パリにいたラグランジュの関心を惹くようになりました。

1784 年に天体力学に関する論文を書き，その中で現在ルジャンドル多項式とよばれている多項式を導入しています。1785 年にはパリ・アカデミーの準会員になり，フランス革命の騒然とした時期の中でも，数値計算の技量のおかげでいろいろな職に就くことができました。

1787 年には，当時進行中であった測地学に関するプロジェクトの仕事を任され，成功をおさめます。その仕事を認められて，英国学士院の会員に選出されています。フランス革命によって財産を失い，不遇な生活を余儀なくされたようですが，のちに国土地理院でラグランジュの後を継ぎ，生涯その職にありました。

ルジャンドルは，天体力学や楕円積分，数論を好んで研究しています。ルジャンドル多項式の他にも，最小二乗法，ルジャンドルの記号など，多様な話題に関してルジャンドルの名前を見ることができます。

　ルジャンドルの教科書や著書には定評があり，とくに幾何学の教科書は，19世紀を通して同分野の教育において大きな力をもっていました。しかし，ルジャンドルの研究の一部はガウスによっても独立に発見され，優先権の論争を巻き起こしています。

　数論については，平方剰余の相互法則を見出し，その証明を試みました。また，素数分布についての予想をたて，その後の研究に影響を与えています。

　1798年には『数の理論』を出版し，オイラーやラグランジュの研究を発展させて，連分数やペル方程式 $x^2 - dy^2 = \pm 1$ の解法，平方剰余の相互法則をまとめています。ガウスの『数論研究』と比較して語られることが多いので，この節で簡単に紹介します。

　ルジャンドルは，『数の理論』の序文で次のように述べています。

　　　私はこの書物を完全な理論としてではなくて，単に
　　　エッセイとして，すなわち，数の理論の現状のおお
　　　よそを伝え，あるいはまたその進歩を促進するのに
　　　貢献することもあろうひとつの試論として公刊する
　　　のである。　　　　　　　　　　　　　　（[29] より）

「単にエッセイとして」とありますが，序論「数に関する一

般的諸概念」の冒頭で，

> 通常のアリトメチカ概論にはそれらの証明は見られ
> ないか，少なくともあまり厳密とは言えない仕方で
> 提示されているにすぎないのである。（ [29] より）

と述べていて，エッセイ以上の内容を書いています。ルジャ
ンドルは，

$$A \times B = B \times A$$

の証明から議論を始め，素数の性質

> 因子 A と B のどちらも割り切らない素数はどれも，
> 積 AB を割り切ることはできない。　（ [29] より）

を証明し，素因数分解の存在に言及しています。

　その後，序論において，約数の個数の公式，オイラー関数
が述べられています。$[x]$ をガウスの記号，つまり，x 以下
の最大の整数とするとき，$n!$ を割り切る p のべきを与えるル
ジャンドルの公式

$$\left[\frac{n}{p} \right] + \left[\frac{n}{p^2} \right] + \left[\frac{n}{p^3} \right] + \cdots$$

も紹介されています。ただし，ルジャンドルはガウスの記号
ではなく，$E\left(\dfrac{n}{p^k} \right)$ という記号を用いています。

　一方，「単にエッセイとして」とあるように，『数の理論』
は厳密さの度合いがガウスの『数論研究』とは異なります。

『数の理論』の主題は，2次不定方程式の解法と平方剰余の相互法則ですが，ガウスの『数論研究』の完成された2次形式論や平方剰余の相互法則の証明は，『数の理論』を 凌 駕しています。

『数の理論』の2次不定方程式の解法は理論の完成には到達せず，平方剰余の相互法則の証明には不備がありました。たとえば，4で割って1余る素数 p に対し，

$$\left(\frac{p}{q} \right) = -1$$

を満たす，4で割って3余る素数 q の存在を証明なしに認め，証明に用いています。

ガウスは『数論研究』の中で，オイラーとルジャンドルが平方剰余の相互法則を証明できなかったことを述べた後，ルジャンドルの証明を簡潔に再現し，

> いくつかの補助的な数の存在に依拠していて，しかもそのような数の存在はまだ証明されていないのであるから，この〔証明の〕方法はいっさいの効力を失ってしまうのである。　　　　　（[25] より）

と述べています。

5.6　"発見者"をめぐって

平方剰余の相互法則は，オイラーが発見し，ルジャンドルが証明に挑戦し，ガウスが証明したといえます。しかしなが

ら，ルジャンドルとガウスの間には発見の優先権をめぐる確
執があったといわれています。

　ガウスは，1801 年出版の『数論研究』において，平方剰余
の相互法則について，次のように述べています。

　　　先ほど提示されたような簡明な形で表明した人はこ
　　　れまでに一人もいなかった。　　　　　　（ [25] より）

続く記述で，オイラーについては，

　　　すでに他のいくつかの命題，すなわちそこから出発
　　　するとたやすく基本定理へと立ち返っていくことが
　　　できるような二，三の命題を知っていた
　　　　　　　　　　　　　　　　　　　　　　（ [25] より）

と述べ，ルジャンドルについては，

　　　事の本質を見れば基本定理と同一である一つの定理
　　　に到達した。　　　　　　　　　　　　　（ [25] より）

と述べています。基本定理とは，平方剰余の相互法則のこと
です。オイラーやルジャンドルが発見者であると認めている
ようにも読めますが，ガウス自身の発見の新規性や相違点を
強調する書き方に思えます。

　ガウスが力説する理由は，次の文章に現れています。

　　　この書物の初めの四つの章で報告されている事柄の

大部分は，他の幾何学者たちの類似の研究成果を多
少とも目にする前に仕上げられたのである。

([25] より)

　この書物とは『数論研究』のことで，幾何学者とは数学者
のことを指します。平方剰余の相互法則とその証明は，『数
論研究』の第 4 章に記載されています。
　この頃のガウスの心情を，『ガウスの生涯』の著者ダニン
グトンは次のように推し量ります。

　　ガウスは，それらの解析学の巨匠の整数論をその後
　　研究してみて，早熟で独創的な天才といわれる若者
　　がしばしば経験するように，自分のもっともすばら
　　しい考察の一部がすでに先を越されていることを発
　　見して，無念の思いにとらわれざるをえなかったこ
　　とだろう。

([3] より)

「巨匠」とは，オイラーとラグランジュを指します。
　また，ルジャンドルに対する「事の本質を見れば基本定理
と同一である一つの定理」という書き方は，発見者のあとさ
きを逆転させた書き方に見えます。『数論研究』には，ルジャ
ンドルの証明を再現し，間違いを指摘する記述もあるため，
ルジャンドルは面白くなかったのでしょう。ヤコビ（1804–
1851）に宛てた手紙で，

　　1785 年に公表された相互法則の発見を，1801 年の
　　時点で自分のものにしたいと望んだのは，この人物

なのです。　　　　　　　　　　　　　　（ [30] より）

と語っています。

　ガウスとルジャンドルの間で，直接的にどのようなやり取りがあったのかは，わかりません。しかし，ガウスは 1808 年の論文「アリトメチカの一定理の新しい証明」において，次のように説明を変えています。

　　　偉大な幾何学者オイラーとラグランジュは帰納的な
　　　道筋をたどってこの定理の多くの特別の場合を明る
　　　みに出したが，それ以来，疑いもなくルジャンドル
　　　を，このきわめて美しい定理の**一番はじめの発見者**
　　　と見なければならない。これらの人々の証明をめぐ
　　　る企ての数々を列挙しなければならないところだが，
　　　私はここでは立ち入らないことにする。

　　　　　　　　　　　　　　　　　　　　（ [27] より）

　1875 年 3 月 11 日のクレレ誌に，先に紹介したルジャンドルの手紙が掲載されます。それを受けて，同年 4 月 22 日にクロネッカー（1823–1891）が論考「相互法則の歴史について」を発表します。この論考が，平方剰余の相互法則を「オイラーが発見し，ルジャンドルが証明に挑戦し，ガウスが証明した」とする根拠です。

　クロネッカーの論考によると，ガウスがオイラーの発見の内容を 1751 年の論文「$paa \pm qbb$ が表す数の約数についての諸定理」に基づいて評価し，「先ほど提示されたような簡明な形で表明した人はこれまでに一人もいなかった」と述べた

ことが間違いであると指摘されています。1783 年の『解析小品集』に収録された「素数による平方数のわり算に関連する様々な観察」の末尾に，ガウスが提示した相互法則と同等の法則が書かれています。

　ガウスは，オイラーの『解析小品集』をもっていたようですが，平方剰余の相互法則の記述を見落としたようです。オイラーの論文は膨大にあるので，無理もないかもしれません。実際，ルジャンドルも見落としていた可能性があります。

　オイラーは，平方剰余の相互法則を紹介した後，

> 私は人々がこのような諸々の観察に心を寄せて，それらの証明を探し求めてほしいと思い，これらの定理を書き添える。というのは，この探索を通じて数の理論が著しい進歩を達成することに疑いをはさむ余地はないからである　　　　　（[17] より）

と述べています。その後の数論は，オイラーのことばどおりに進展していくことになります。

　前章までで，平方剰余の相互法則とはどのような法則かを
解説してきました。また，ディオファントスからルジャンド
ルにいたる相互法則発見の流れを概観してきました。

　ガウスは，ルジャンドルまでの歴史の流れとは独立に，独
力で平方剰余の相互法則を見出し，その証明を完成します。
この章からは，ガウスの数学について解説します。まず，こ
の章では，ガウスが著書『数論研究』を出版した 1801 年（24
歳）の頃までの相互法則以外の研究について紹介します。ガ
ウスの相互法則に関する研究については，第 8 章以降で解説
します。

6.1　ガウスの少年・青年時代

　アルキメデス，ニュートンと並んで，歴史上における「三
大数学者」の一人とされるカール・フリードリヒ・ガウスは，
1777 年 4 月 30 日，ドイツのブラウンシュヴァイクに生まれ
ました。

　父親は庭仕事や水道工事のような力仕事から，地元の葬儀
の帳簿付けまで，さまざまな仕事をしていました。ガウスは
誰の力を借りることなく，話せるようになる前から計算する
ことができたといわれています。3 歳になったある日，父親
が労働者たちに払う給料を計算していたとき，父親の計算を

見て誤りを正したと伝えられています。当時のガウスはすでに，自力で字が読めるようになっていました。

　父親はガウスの才能を評価していなかったようですが，母親と叔父のフリードリッヒはガウスの才能を認めていました。大学時代にガウスが，友人のヴォルフガング・ボヤイを自宅に連れてきたとき，母親がボヤイに，息子は本当に優秀なのかと聞いたところ，ボヤイは「ガウスはヨーロッパ一の数学者になるだろう」といったという話があります

　7歳のとき，ガウスは地元の小学校に入りました。校長はビュットナーという人でした。ガウスは3年生になって，2歳のときから自力でできるようになっていた算数をやっと教えてもらえることになりました。ビュットナーの算数の授業は，ときには100個にも及ぶ数を，ただひたすら足し算をさせるという授業だったそうです。

　ある日，ビュットナーは1から100までの整数をすべて足しなさい，という問題を出しました。彼が問題を言い終わるやいなや，ガウスが答えを出してビュットナーを驚かせました。

　ガウスは，等差数列の和の公式の原理を自分で見出して答えを出したようです。ビュットナーは驚いてガウスの才能を認め，レベルの高い数学の教科書を取り寄せてくれました。しかし，ガウスがあっという間に，その本を読み終えてしまったので，ビュットナーはこれ以上自分には教えてやれることはないと思い，バーテルスという17歳の助手にガウスを任せます。2人は以後，ともに勉強を続けていきました。

　バーテルスはのちに，カザン大学で教えます。そのときの学生の一人が，非ユークリッド幾何学を発見したロバチェフ

スキー（1792–1856）です。

　12 歳になったガウスは，ユークリッドの『原論』に書かれている公準に疑問をもちました。他の数学者がそうだったように，ガウスもまた，平行線の公準の問題に焦点を定めたのです。

　ユークリッドは『原論』において，「任意の点から任意の点に直線を引くことができる」のような明らかに成り立つと思われることを**公準**と名づけて，5 つの公準を挙げています。このうち，5 つ目の公準が「平行線の公準」とよばれているもので，他の 4 つの公準から証明できるのではないかと考えられ，多くの数学者がその証明に挑戦してきました。

　しかし，ガウスはそれまでの考察とは異なり，平行線の公準は成り立つのか，と考えました。ガウスは論理的に矛盾のない幾何学で，なおかつユークリッドの平行線の公準が成り立たないものが存在する，という考えを受け入れた歴史上初めての数学者といえます。ガウスが 15 歳の頃のことです。

　1792 年，15 歳のガウスはフェルディナント公爵の援助を受けることができるようになり，地元の高校に入学しました。ガウスは科学と古典において，当時の高校生のレベルをはるかに超えた学識をもっていました。数学において，しばしば重要な定理を学習する前からすでにその定理を発見していたのです。そして，豊かな計算力や数論的洞察力をもって，膨大な計算を好んでおこなっていました。

　1795 年の初め，ガウスがゲッチンゲン大学に入学する前の 17 歳のとき，平方剰余の相互法則の第 1 補充法則を自ら発見し，証明します。そして，平方剰余の相互法則を独力で発見します。

ゲッチンゲン大学に入学してから，ガウスは初めてオイラーやラグランジュなどの先人の研究を読んで，自分の発見が新しいものではなかったことをしばしば知ることになります。

　ガウスは言語学にも興味をもち，言語学の道に進むか数学の道に進むか思案していました。そして，1796年3月30日，ガウスを数学者として決定づける劇的な発見をします。

　ガウスはこの日，正多角形を定規とコンパスで作図できるための条件を得て，正17角形が定規とコンパスで作図できることを示しました。これは，作図の未解決問題について2000年間で初めての進歩でした。

　ガウスは，この1796年3月30日から日記をつけ始めます。日記には平方剰余の相互法則をはじめ，数々の研究成果が記されています。この日記は1814年まで続きます。

　1799年，22歳のとき，ガウスは代数学の基本定理を証明しました。これは，代数方程式は複素数の範囲で必ず解けるということを示したものです。

　そして1801年，24歳のとき，『数論研究』を出版します。執筆は1796年に始まったと思われます。翌1797年の末には，原稿はほぼ完成しましたが，印刷に手間取ってようやくこの年に出版されました。合同式，平方剰余の相互法則，2次形式の理論，円分体論などが書かれた画期的な書物です。

　同じ1801年，ガウスの名がさらに知られるようになった事件が起こります。1801年1月1日に，イタリアのピアッツィが彗星と思われる小さな天体を発見しましたが，すぐに姿を消してしまいました。これはボーデの法則から予想される小惑星ではないかということで，必死になってその跡が探されましたが，見つかりませんでした。ガウスは，わずかの

測定値から自分が発見した方法で軌道を計算しました。そして 12 月，史上最初に発見された小惑星は，ガウスが計算したとおりの位置で再発見されたのです。

1801 年以降，ガウスは数論以外の応用的な方面に関係する研究を多くしています。

6.2　等差数列の和と三角数

ガウスは，ビュットナー先生の出した問題である 1 から 100 までの和を，どのように計算したのでしょうか。

$$1 + 2 + 3 + \cdots + 98 + 99 + 100$$

の足し算を逆の順序に並べると，

$$100 + 99 + 98 + \cdots + 3 + 2 + 1$$

となります。両者を上下に重ねて書くと

$$
\begin{array}{r}
1 +\ \ 2 +\ \ 3\ + \cdots\ +\ \ 98\ +\ \ 99 + 100 \\
100 +\ 99 +\ 98\ + \cdots\ +\ \ \ 3\ +\ \ \ 2 +\ \ \ 1 \\
\hline
101 + 101 + 101 + \cdots\ + 101 + 101 + 101
\end{array}
$$

となり，101 が 100 個並びます。この 100 個の 101 の和は求める和の 2 つ分なので，1 から 100 までの自然数の和は

$$\frac{1}{2} \times 100 \times 101 = 5050$$

となります。

彼自身の中で，この経験とつながっているかどうかはわかりませんが，ガウスは後年，フェルマーの予想した多角数に

関する定理を三角数の場合について証明しています。上で述べた自然数の和は三角数になっています。

　このことを説明しましょう。

　三角数とは，三角形の形に並べることができる数で，

$$1, \quad 3 = 1+2, \quad 6 = 1+2+3, \quad 10 = 1+2+3+4, \cdots$$

のように続く数です。

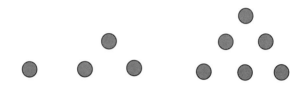

　三角数は自然数の和になっていて，$\dfrac{1}{2}n(n+1)$ と表されます。この式に $n = 1,\, 2,\, 3,\, 4$ を代入すると

$$\frac{1}{2} \cdot 1 \cdot 2 = 1$$

$$\frac{1}{2} \cdot 2 \cdot 3 = 3$$

$$\frac{1}{2} \cdot 3 \cdot 4 = 6$$

$$\frac{1}{2} \cdot 4 \cdot 5 = 10$$

となり，1, 3, 6, 10 が出てきます。ガウスが計算したのは $n = 100$ の場合で，

$$\frac{1}{2} \cdot 100 \cdot 101 = 5050$$

となります。5050 は 100 番目の三角数です。

　三角数という名称はピタゴラスによります。ピタゴラスは数を図形と関連づけて，三角数，四角数，五角数，六角数，…と数を分類しました。四角数とは平方数のことです。

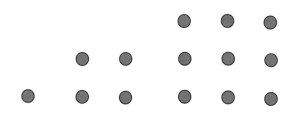

　一般に，n 番目の k 角数は

$$\frac{(k-2)n^2 - (k-4)n}{2}$$

で与えられます。

　五角数は $k = 5$ とおくと，$\dfrac{3n^2 - n}{2}$ で表されます。$n = 1,\ 2,\ 3,\ 4,\ \cdots$ とすると，$1,\ 5,\ 12,\ 22,\ \cdots$ となります。

　フェルマーは，

　　すべての自然数は，k 個以下の k 角数の和で表されるだろう

と予想しました。たとえば，10 以下の自然数について，

1, 3, 6, 10, ・・・ の三角数の場合では,

$$1 = 1 \qquad\qquad 6 = 6$$
$$2 = 1 + 1 \qquad\quad 7 = 1 + 6$$
$$3 = 3 \qquad\qquad 8 = 1 + 1 + 6$$
$$4 = 1 + 3 \qquad\quad 9 = 3 + 6$$
$$5 = 1 + 1 + 3 \quad\; 10 = 10$$

と, 3 個以下の三角数の和で表され, 1, 4, 9, 16, ・・・ の四角数の場合では

$$1 = 1 \qquad\qquad 6 = 1 + 1 + 4$$
$$2 = 1 + 1 \qquad\quad 7 = 1 + 1 + 1 + 4$$
$$3 = 1 + 1 + 1 \quad\; 8 = 4 + 4$$
$$4 = 4 \qquad\qquad 9 = 9$$
$$5 = 1 + 4 \qquad\quad 10 = 1 + 9$$

と, 4 個以下の四角数の和で表されます。

　定理をことばで説明すると簡単ですが, 実際に確かめてみるとふしぎな感じがします。

　オイラーは, フェルマーの多角数の予想を知り, フェルマーがその証明を書き残さなかったことを残念に思いました。そして, 四角数の場合を証明しようとしましたが, さすがのオイラーも証明できませんでした。

　四角数の場合は, オイラーの努力を引き継いで, 1772 年にラグランジュが証明しました。

　そして三角数の場合は, 1796 年にガウスが証明します。7 月 10 日の日記に

$$\mathrm{num.} = \Delta + \Delta + \Delta$$

と記しています。num. は自然数，Δ は三角数を表すと考えられます。一般の場合は，1813 年にコーシー（1789–1857）によって証明が与えられました。

　五角数についてオイラーは，次の驚くべき定理を発見しています。1741 年に発見し，9 年ほどのちに証明を完成しました。

$$(1-x)(1-x^2)(1-x^3)(1-x^4)\cdots = \sum_{n=-\infty}^{\infty} (-1)^n x^{\frac{3n^2-n}{2}}$$

右辺の x の指数の $\dfrac{3n^2-n}{2}$ が五角数です。左辺の

$$(1-x)(1-x^2)(1-x^3)(1-x^4)\cdots$$

は無限積ですが，順番にかけていくと次数の小さい項から求まっていって

$$1-x-x^2+x^5+x^7-x^{12}-x^{15}+x^{22}+x^{26}-\cdots$$

となり，x の指数を 1 つおきに見ると

$$1,\quad 5,\quad 12,\quad 22,\quad \cdots$$

のように五角数が現れます。

　ガウスは，このオイラーの五角数についての定理に関連して，次のような三角数についての定理，四角数についての定理

$$\frac{1-x^2}{1-x}\cdot\frac{1-x^4}{1-x^3}\cdot\frac{1-x^6}{1-x^5}\cdots = \sum_{n=0}^{\infty} x^{-\frac{1}{2}n(n+1)}$$

$$\frac{1-x}{1+x} \cdot \frac{1-x^2}{1+x^2} \cdot \frac{1-x^3}{1+x^3} \cdots = \sum_{n=-\infty}^{\infty} (-1)^n x^{n^2}$$

を得ています。右辺の x の指数に現れている

$$\frac{1}{2}n(n+1), \quad n^2$$

が，それぞれ三角数，四角数です。

このような無限積の背後には，非常に深い数学が存在しています。

6.3　素数定理

素数とは，1 とその数以外に約数をもたない 1 より大きい自然数です。50 以下の素数を挙げると

2, 3, 5, 7, 11, 13, 17, 19, 23, 29, 31, 37, 41, 43, 47

で，15 個あります。数多くの数学者たちが素数の魅力に惹かれ，その神秘を解き明かそうと努力がなされてきました。

1.1 節で述べたように，少年ガウスは 15 歳か 16 歳のとき，素数の個数を調べ，n の近くの素数の割合が $\dfrac{1}{\log n}$ に近いことに気づきました。

では，少年ガウスはどのようにして，$\dfrac{1}{\log n}$ という数値に気づいたのでしょうか。ガウスは 1849 年，72 歳のクリスマスイブに，教え子で天文学者でもあるエンケに書いた手紙の中で，素数の頻度を知りたいと述べ，n 以下の素数の個数

の概算を示しています。手紙の冒頭で，

> 素数の出現頻度に関するあなたの説明はいくつもの
> 点で興味があります。あなたのおかげで，はるか以
> 前，1792 年か 1793 年ごろに始めた，自分自身が
> 行った努力を思い出しました。　　　（ [9] より）

と書いています。1792 年，1793 年というとガウスが 15 歳，
16 歳のときです。ガウスは入手できた対数表と，ランベル
ト（1728–1777）の編集による 10 万 2000 までの素数の表
を含む付録をもとに，いろいろ計算をしていました。数え方
を分割して，1000 ごとに素数の個数を数えた結果，ガウス
は $n - 1000$ と n との間にある素数の数はほぼ $\dfrac{1}{\log n}$ に比
例するだろうと予想しました。

　1000 ごとの素数の個数を調べると，次の表のようになりま
す。ここで，$\pi(n)$ は n 以下の素数の個数，$P(n)$ は $n - 1000$
と n との間にある素数の個数です。

n	$\pi(n)$	$P(n)$	$\dfrac{1}{\log n}$	$\dfrac{P(n)}{1/\log n}$
1000	168	168	0.14476	1160.5
2000	303	135	0.13156	1026.1
3000	430	127	0.12490	1016.8
4000	550	120	0.12057	995.3
5000	669	119	0.11741	1013.5

この表を見ると，$P(n)$ と $\dfrac{1}{\log n}$ との比が約 1000 になっていて，$P(n)$ が $\dfrac{1}{\log n}$ に比例しているようであることが予想できます。

　ガウスはのちに，ヴエーガの数表によって 400031 まで計算を延長しました。さらに 300 万まで計算しています。

　その結果，小さな区間での平均個数がわかり，極限として，素数の個数を積分によって足し合わせて，n を超えない素数の個数はほぼ

$$\int_2^n \frac{dx}{\log x}$$

であろうと考えました。この積分は n が大きいとき $\dfrac{n}{\log n}$ に近づきます。ガウスは，使っていた対数表に $a(=\infty)$ 以下の素数 $\dfrac{a}{\log a}$ と書き込んでいます。

　　n 以下の素数の個数は，n が無限大になるとき，

　$\dfrac{n}{\log n}$ に近づく

となり，さらに式で表現すると

$$\lim_{n \to \infty} \frac{\pi(n)}{\dfrac{n}{\log n}} = 1$$

と表すことができます。この事実を**素数定理**といい，19 世紀

の終わり，1896 年に 2 人の数学者アダマール（1865–1963）とド・ラ・ヴァレ・プーサン（1866–1962）によって，それぞれ独立に証明されました。

　個々の素数に注目すると，その存在しているようすがわからないのに，自然数全体を見渡すと素数の個数が姿を現してくるのは，素数の神秘を物語っています。しかも，$\dfrac{n}{\log n}$ という簡単な式で表すことができるのは大きな驚きです。

6.4　循環小数

　少年時代のガウスは，素数の逆数を小数で表すことに興味をもっていました。$p < 10$ を満たす素数 p について，$\dfrac{1}{p}$ を小数で表すと，

$$\frac{1}{2} = 0.5$$

$$\frac{1}{3} = 0.333\cdots$$

$$\frac{1}{5} = 0.2$$

$$\frac{1}{7} = 0.142857142857\cdots$$

となります。$p = 2, 5$ のときは有限小数になります。2 も 5 も 10 進法の 10 を割り切るからです。

　$p = 3$ のときは小数部分に 3 が繰り返されています。$p = 7$ のときは小数部分に 142857 が繰り返されています。$p \neq 2, 5$

のときは，小数部分に同じ数字が繰り返されます。このような小数を**循環小数**といいます。

ガウスは $p^n < 1000$（$p \neq 2, 5$）について，分母が p^n の分数を循環小数で表しました。$p < 100$ については，『数論研究』に循環する部分の数表が掲載されています。

$\dfrac{1}{p}$（$p \neq 2, 5, p < 50$）の小数部分の循環する部分の長さ d を表にすると，次のようになります。

p	2	3	5	7	11	13	17	19	23	29
d	－	1	－	6	2	6	16	18	22	28
p	31	37	41	43	47					
d	15	3	5	21	46					

$\dfrac{1}{p}$ の小数部分の循環する部分の長さ d を，p を用いて正確に表すのは難しそうですが，表を眺めるといくつかの法則に気がつきます。

たとえば，$p = 7, 17, 19, 23, 29, 47$ では，$d = p - 1$ となっています。このような素数 p が無数に存在するかという問題は，現在も未解決の難問です。

$d \neq p - 1$ のときは不規則に見えますが，$p - 1$ の約数に着目すると，共通する性質が浮かび上がってきます。

$p = 3$ のとき，$d = 1$ は $p - 1 = 2$ の約数です。$p = 11$ のとき，$d = 2$ は $p - 1 = 10$ の約数です。$p = 13$ のとき，$d = 6$ は $p - 1 = 12$ の約数です。

d の値はつねに，$p - 1$ の約数になっています。

ガウスは，これらの問題が 10^n を p で割った余りの問題

であることを見出しました。

このことを説明します。

たとえば，$\dfrac{1}{p} = \dfrac{1}{37}$ を計算すると

$$
\begin{array}{r}
0.027 \\
37\,)\overline{1.000} \\
74 \\
\hline
260 \\
259 \\
\hline
1
\end{array}
$$

となります。余りに 1 が現れたので，以下は同じ計算が繰り返され，商に 027 が繰り返されます。つまり，$d = 3$ です。

別の見方をすると，この計算は

$$10 \div 37 = 0 \quad \cdots \quad 10$$
$$10^2 \div 37 = 2 \quad \cdots \quad 26$$
$$10^3 \div 37 = 27 \quad \cdots \quad 1$$

と見ることができます。つまり，10^n を 37 で割った余りが 1 になるときの最小の自然数 n が，$\dfrac{1}{37}$ の小数部分の循環する部分の長さになっていることがわかります。

このことは一般に成り立ち，$\dfrac{1}{p}$ の小数部分の循環する部分の長さ d は，10^n を p で割った余りが 1 になる最小の自然数になります。

フェルマーの小定理より，$p \neq 2, 5$ のとき，10^{p-1} を p で割った余りは 1 です。このことから，10^n を p で割った余

りが 1 になる最小の自然数は $p-1$ の約数になることが示されます。つまり，$\dfrac{1}{p}$ の小数部分の循環する部分の長さ d が $p-1$ の約数になることがわかります。

　整数を素数 p で割ると，余りは 0, 1, 2, $\cdots$, $p-1$ の p 個の数のいずれかになります。$\dfrac{1}{p}$ の小数部分の循環する部分の長さの問題の背景に，0, 1, 2, $\cdots$, $p-1$ の p 個の数の世界があります。

　0, 1, 2, $\cdots$, $p-1$ の p 個の数の世界はどんな数の世界でしょうか。たとえば，0, 1, 2, $\cdots$, $p-1$ の p 個の数の世界の平方数はどうなるでしょう。現在の視点で見ると，このような問題意識が「平方剰余の相互法則」につながっていることがわかります。

6.5　正多角形の作図問題

　定規とコンパスを使って作図をする問題は，古代ギリシャから考えられてきました。

　そのなかで，古代ギリシャ時代に解決できなかった作図問題として 3 つの有名な問題があります。それぞれに「角の 3 等分問題」「倍積問題」「円積問題」という名前がついています。どの問題も，長さを作図する問題に帰着されます。

　たとえば，1 の長さが与えられたとき，2 の長さは簡単に作図できます。$\sqrt{2}$ の長さも作図できます。1 辺の長さが 1 の正方形を描くと，対角線が $\sqrt{2}$ になるからです。

　ある長さが与えられたとき，その長さの四則演算と
平方根を繰り返して得られる長さは作図できる

ことがわかっています。

　「角の3等分問題」は $\cos\alpha$ の長さが与えられたとき，$\cos\dfrac{\alpha}{3}$ が作図できるかという問題です。「倍積問題」は1の長さが与えられたとき，$\sqrt[3]{2}$ の長さが作図できるかという問題です。「円積問題」は1の長さが与えられたとき，$\sqrt{\pi}$ が作図できるかという問題です。そして，これらの長さは四則と平方根の繰り返しで得られないことが証明され，この3つの作図はできないということで解決をしています。

　上の3つ以外に，古代ギリシャからの作図問題として正多角形の作図問題があります。正3角形，正4角形（正方形），正6角形は簡単に作図できます。正5角形は少し難しいですが，すでに古代ギリシャ時代に作図できることがわかっています。しかし，次の正7角形は作図できずに古代ギリシャ時代は終わってしまいました。

　ガウスは18歳のとき，1796年の3月30日に，正17角形の作図問題を解決します。前述のとおり，この日からガウスは数学の日記をつけ始めます。

　　円周の分割が依拠する諸原理，わけても円周の17
　　個の部分への幾何学的分割が可能であることを……
　　　　　　　　　　　　　　　　　　　　（[28]より）

　m と n が互いに素であるとき，正 m 角形と正 n 角形が作

図できれば，正 mn 角形が作図できることはすぐにわかります。n が素数の場合が，問題の中心になります。

ガウスは次の定理を示して，古代ギリシャ時代以来 2000 年以上にわたって未解決だった，正多角形の作図問題を解決します。

> p が素数のとき，0 以上のある整数 n に対して，$p = 2^{2^n} + 1$ と表されるならば，正 p 角形は作図できる。逆に，正 p 角形が作図できるならば，0 以上のある整数 n に対し，$p = 2^{2^n} + 1$ と表される。

じつはガウスは，後半の証明は残しませんでした。『数論研究』の第 7 章で，

> この著作に課されている大きさの限界のために，ここでこの証明を報告するゆとりはない。（[25] より）

と書いています。

後半の証明は，1837 年にヴァンツェル（1814–1848）が論文を書いています。なお，ヴァンツェルは角の 3 等分問題，倍積問題も解決しています。

ガウスは，

$$\frac{x^p - 1}{x - 1} = x^{p-1} + \cdots + x + 1 = 0$$

を素数次数の方程式に分解して，$\cos \dfrac{2\pi}{p} + i \sin \dfrac{2\pi}{p}$ を段階的に求める方法を与えました。はじめに解く方程式の係数

は整数であり，ある段階で解く方程式の係数はそれまでに解いた方程式の解を用いて表されます。

$p-1$ の素因数が 2 に限るとき，$p = 2^m + 1$ となり，さらに $m = 2^n$ となることがわかっていて，p はフェルマー素数になります。このとき，$\cos \dfrac{2\pi}{p} + i \sin \dfrac{2\pi}{p}$ は 2 次方程式を繰り返し解くことで得られ，このとき正 p 角形は作図可能です。

たとえば，$p = 17$ の場合は，$p - 1 = 16 = 2^4$ であり，2 次方程式を 4 回解くことで，$\cos \dfrac{2\pi}{17} + i \sin \dfrac{2\pi}{17}$ が求められます。このことから，正 17 角形が作図可能であることがわかります。

しかし，現在まで，フェルマー素数は，3, 5, 17, 257, 65537 の 5 個しか見つかっていません。つまり，作図できる正 p 角形は 5 種類しかわかっていません。

正多角形の作図問題は，幾何の問題の背景に

$$\cos \frac{2\pi}{p} + i \sin \frac{2\pi}{p}$$

という形の数の理論がひそんでいます。現在では，円分体論とよばれています。平方剰余の相互法則の数の世界も，円分体論の一部であると解釈できます。また，有名なフェルマーの最終定理も円分体論と関係します。

ガウスによる正 17 角形の作図は，2000 年以上未解決であった問題を解決したと同時に，ガウスが円分体論という新しい数の世界の入り口に立っていたことを意味しています。

6.6　代数学の基本定理

　ガウスは 1799 年，代数学の基本定理の論文によって博士号を得ています。ガウスが示した代数学の基本定理とは，どのような定理でしょうか。

　1 次方程式

$$ax + b = 0 \quad (a,\ b \text{ は整数},\ a \neq 0)$$

の解は，$x = -\dfrac{b}{a}$ で有理数です。つまり，有理数の範囲ですべての 1 次方程式を解くことができます。

　2 次方程式

$$x^2 - 2 = 0$$

は，有理数の範囲で解くことはできません。この方程式の解は $\pm\sqrt{2}$ で，有理数ではなく無理数です。では，有理数に無理数を加えた実数の範囲ですべての 2 次方程式が解けるかというと，そうではありません。たとえば，

$$x^2 + 1 = 0$$

は，実数の範囲で解くことはできません。解は $\pm i = \pm\sqrt{-1}$ で，虚数となるからです。

　このように，すべての 2 次方程式を解くためには，実数に虚数を加えた複素数まで数の範囲を広げる必要があります。では，3 次以上の方程式を解くために，複素数からさらに数の範囲を広げる必要があるでしょうか。

　ガウスが示したのは，数の範囲を複素数から広げる必要は
なく，複素数の範囲ですべての方程式を解くことができると
いうことです。2次方程式を解くために必要な数の範囲です
べての方程式が解ける，というのがガウスの示したことです。
そして，これは実数係数の方程式に限らず，複素数係数の方
程式でも同じです。

　ガウスは，1798年にゲッチンゲンを離れて故郷に帰り，
パッフ（1765–1825）のいたヘルムシュテット大学に出向い
ています。ガウスを援助してきたフェルディナント公爵が，
自分の領内であるヘルムシュテットでガウスが学位を取得す
ることを望んだからでした。数学教授のパッフはガウスをあ
たたかく迎え，便宜をはかってくれました。

　ガウスは，1799年に提出した論文「1変数の任意の実多項
式が1次または2次の実多項式の積に分解しうることの新し
い証明」により，1799年に学位を与えられました。

　この論文は，

　　複素数係数の n 次方程式は，（重複を含めて）n 個
　　の複素数解をもつ

ことを示したものです。この定理は，**代数学の基本定理**とよ
ばれています。

　ガウスは，この論文では複素数を表面化させないように証
明しています。「新しい証明」となっていますが，ガウス以
前の証明は，代数方程式になんらかの解が存在することを暗
黙のうちに仮定し，それが $a + bi$ の形に書けることを証明
するというものでした。これらの証明を批判する意味も含め

て，この表題をつけたものと考えられています。

　ガウスのこの定理は，具体的に解を求めるものではなく，代数方程式の解が必ず複素数の範囲にあることをいう存在証明です。ガウスはこの定理を非常に重要視し，その後も本質的に異なる別証明を考えつづけています。1799 年の最初の証明のあと，1815 年，1816 年，1849 年と 4 つの証明を与えています。

　最後の証明は学位取得 50 周年のもので，最初の証明を複素数のことばで表現しています。この頃には複素数もよく知られた存在になっていました。

第**7**章 合同式の世界

ガウスは，『数論研究』において合同式を導入し，平方剰余の相互法則の証明に必要な数学を，見通しよくまとめました。現在のことばでいうと，有限群論とよばれる数学や有限体論とよばれる数学の基本的な内容がまとめられています。

本章では，これまでに紹介した内容を合同式を用いて振り返ります。

7.1 方程式を解く

数学には，幾何学や代数学，解析学などの分野があります。簡単にいうと，図形を扱う幾何学，数式を扱う代数学，関数を扱う解析学です。

古代ギリシャ時代は，図形と数が中心であり，数式はありませんでした。ユークリッドの『原論』も，文章と図で表現されています。

代数学の初期の問題は，代数方程式の解法でした。数があれば方程式があり，その解法が問題になります。

古代バビロニアでは1次，2次，3次の方程式が扱われていました。また古代中国では，連立1次方程式も扱われていました。

方程式の語源は，紀元前後頃の算術書『九章算術』の第8章「方程の章」とされています。この章は連立1次方程

式を扱っています。方程とは,算盤のマス目（方）に算木を用いて数を割り当てる（程）の意味です。この頃は文字式がなかったので,具体例で方程式の解法を表していました。

　最初に文字式が登場するのは,3世紀頃のディオファントスの『算術』とされています。ディオファントスは未知数を文字で表し,不定方程式の解法を論じました。数字はアルファベットで表し,0が生じないように式変形されています。

　アル＝フワリズミー（800?–850?）は,『アル＝ジャブルとアル＝ムカバラの計算』の中で等式変形について述べ,1次方程式,2次方程式の解法を紹介しています。タイトルにある移項を意味するアル＝ジャブルが,代数を意味するアルジェブラ（algebra）の語源といわれています。

　1600年頃,ヴィエト（1540–1603）によって文字式が整備されます。さらに,デカルト（1596–1650）が既知の数をアルファベットの初めのほうの文字 a, b, c, $\cdots$ で,未知の数をアルファベットの終わりのほうの文字 x, y, $\cdots$ で表し,現在とほぼ同じ形の文字式になります。

　方程式の問題の一つに,解の公式の問題があります。1次方程式 $ax + b = 0$ $(a \neq 0)$ の解は

$$x = -\frac{b}{a}$$

であり,2次方程式 $ax^2 + bx + c = 0$ $(a \neq 0)$ の解は

$$x = \frac{-b \pm \sqrt{b^2 - 4ac}}{2a}$$

になります。そして,3次方程式,4次方程式にも解の公式

が見出されました。16 世紀のことです。

　4 次方程式の解の公式が見出されてから，5 次以上の方程式を解こうとする努力がなされましたが，19 世紀に，アーベル（1802–1829）とガロア（1811–1832）が独立に 5 次方程式の解の公式が存在しないことを示しました。ここで，解の公式が存在しないとは，加減乗除と n 乗根 $\sqrt[n]{}$ だけでは表せない解があるということです。

　解の公式は存在しないのですが，解は存在します。ガウスの代数学の基本定理は，5 次以上の方程式も複素数の範囲で解が存在することを示しています。

　解の公式の問題は，方程式の係数である文字 a, b, c, $\cdots$ の式の世界において，加減乗除と n 乗根だけで方程式が解けるか，という問題です。この問題の奥に，ガロア理論とよばれる数学があります。

　ガウスは，整数に合同式という等式に代わる新しい数式を導入しました。この合同式の世界で方程式を解く問題を考えることで，新しい数学が生まれました。これまで見てきた，フェルマーの小定理，平方剰余，オイラーの規準，等々が見通しよく整理できます。

　以下の節でこのことを見ていきましょう。

7.2　合同式

　平方数

$$1^2, \quad 2^2, \quad 3^2, \quad 4^2, \quad 5^2, \quad 6^2, \quad 7^2, \quad \cdots$$

を 3 で割ると，余りが

$$1, \quad 1, \quad 0, \quad 1, \quad 1, \quad 0, \quad 1 \quad \cdots$$

となり，1，1，0 が繰り返されます。1^2 と 4^2 を 3 で割った余りが等しくなり，4^2 と 7^2 を 3 で割った余りが等しくなり，7^2 と 10^2 を 3 で割った余りが等しくなり，$\cdots$ と続き，1^2，4^2，7^2，$\cdots$ を 3 で割った余りが等しくなります。同様に，2^2，5^2，8^2，$\cdots$ を 3 で割った余りが等しくなり，3^2，6^2，9^2，$\cdots$ を 3 で割った余りが等しくなります。

　ガウスは，このような関係を合同式を用いて表現しました。合同式とはなんでしょうか。

　自然数 m が 2 つの整数 a, b の差 $a - b$ を割り切るとき，

$$a \equiv b \pmod{m}$$

と書き，a と b は m を法として合同であるといいます。この式を**合同式**といいます。

　また，a と b が m を法として合同でないとき，

$$a \not\equiv b \pmod{m}$$

と書きます。

　a, b を m で割った余りが等しいとき，

$$a \equiv b \pmod{m}$$

となります。m が $a - b$ を割り切るからです。上の例では，

$$1^2 \equiv 4^2 \pmod 3, \quad 4^2 \equiv 7^2 \pmod 3$$

などが成り立っています。

　a を m で割った余りが r であることは，

$$a \equiv r \pmod{m}$$

と表されます。m が $a - r$ を割り切るからです。上の例では

$$4^2 \equiv 1 \pmod 3, \quad 7^2 \equiv 1 \pmod 3$$

などが成り立っています。

a が m の倍数であることは，

$$a \equiv 0 \pmod{m}$$

と表されます。m が $a - 0 = a$ を割り切るからです。上の例では，

$$3^2 \equiv 0 \pmod 3, \quad 6^2 \equiv 0 \pmod 3$$

などが成り立っています。

合同式は，等式と同じように変形できます。たとえば，

$$a \equiv b \pmod{m}, \quad c \equiv d \pmod{m}$$

のとき，

$$a + c \equiv b + d \pmod{m}, \quad ac \equiv bd \pmod{m}$$

が成り立ちます。なぜなら，合同式の定義に従うと，仮定より，m が $a - b$, $c - d$ を割り切るので，m が

$$(a + c) - (b + d) = (a - b) + (c - d)$$
$$ac - bd = (a - b)c + b(c - d)$$

を割り切り，結論が得られます。

とくに，$ac \equiv bd \pmod{m}$ において，$c \equiv a$, $d \equiv b$

$(\bmod\ m)$ とすると，

$$a^2 \equiv b^2 \pmod{m}$$

が得られます。つまり，合同式の両辺を 2 乗しても合同式が成り立ちます。

上の例で，平方数 1^2，2^2，3^2，$\cdots$ を 3 で割ると，余りにおいて 1，1，0 が繰り返されることは，次のように説明できます。

3 を 3 で割った余りが 0 だから，

$$3 \equiv 0 \pmod{3}$$

です。この両辺に r を足すと

$$3 + r \equiv r \pmod{3}$$

となります。さらに両辺を 2 乗すると，

$$(3 + r)^2 \equiv r^2 \pmod{3}$$

となります。よって，$(3 + r)^2$ と r^2 を 3 で割った余りが等しくなります。

このことから，1^2，2^2，3^2 を 3 で割った余りが，それぞれ 4^2，5^2，6^2 を 3 で割った余りに等しくなり，4^2，5^2，6^2 を 3 で割った余りが，それぞれ 7^2，8^2，9^2 を 3 で割った余りに等しくなり…と，1^2，2^2，3^2 を 3 で割った余り 1，1，0 が繰り返されます。

合同式を用いて，ルジャンドルの記号の積の法則

$$\left(\frac{a}{p}\right)\left(\frac{b}{p}\right) = \left(\frac{ab}{p}\right)$$

を確かめましょう。まず，ルジャンドルの記号は，1.3 節で定義したように，p を奇数の素数，a を p で割り切れない整数とするとき，

$$\left(\frac{a}{p}\right) = \begin{cases} 1 & (a^{\frac{p-1}{2}} \text{ を } p \text{ で割った余りが } 1) \\ -1 & (a^{\frac{p-1}{2}} \text{ を } p \text{ で割った余りが } -1) \end{cases}$$

だったので，

$$\left(\frac{a}{p}\right) \equiv a^{\frac{p-1}{2}} \pmod{p}$$

となります。

$$a^{\frac{p-1}{2}} b^{\frac{p-1}{2}} \equiv (ab)^{\frac{p-1}{2}} \pmod{p}$$

より，

$$\left(\frac{a}{p}\right)\left(\frac{b}{p}\right) \equiv \left(\frac{ab}{p}\right) \pmod{p}$$

となります。両辺の値が ± 1 だから，この合同式は等式になります。つまり，積の法則が成り立ちます。

　以下において，合同式を用いて，これまでの議論で登場した公式が成り立つ理由を見ていきましょう。

7.3 素数の性質

p を素数，a, b を整数とします。

素数の性質　p が ab を割り切れば，p は a または b を割り切る

を合同式で表すと，

$ab \equiv 0 \pmod{p}$ ならば，$a \equiv 0 \pmod{p}$ または $b \equiv 0 \pmod{p}$ が成り立つ

となります。合同式で表した素数の性質は，

零の性質　$ab = 0$ ならば，$a = 0$ または $b = 0$ が成り立つ

の類似です。

等式の世界では，零の性質を用いると，

$a \neq 0$ のとき，$ax = ay$ ならば $x = y$ が成り立つ

ことがわかります。合同式の世界でも，

$a \not\equiv 0 \pmod{p}$ のとき，$ax \equiv ay \pmod{p}$ ならば $x \equiv y \pmod{p}$ が成り立つ

ことがわかります。つまり，両辺を a で割ることができます。仮定の $a \not\equiv 0 \pmod{p}$ は，a が p で割り切れないことを表しています。

　理由を説明すると，合同式は等式と同じように変形できるので，$ax \equiv ay \pmod{p}$ の両辺に $-ay$ を足すと，

$$ax - ay \equiv 0 \pmod{p}$$

となり，

$$a(x - y) \equiv 0 \pmod{p}$$

と変形できます。合同式で表された素数の性質と $a \not\equiv 0 \pmod{p}$ より，両辺を a で割って

$$x - y \equiv 0 \pmod{p}$$

となり，両辺に y を足して

$$x \equiv y \pmod{p}$$

が得られます。

　　$a \not\equiv 0 \pmod{p}$ のとき，$ax \equiv ay \pmod{p}$ ならば $x \equiv y \pmod{p}$ が成り立つ

の対偶をとると，

　　$a \not\equiv 0 \pmod{p}$ のとき，$x \not\equiv y \pmod{p}$ ならば $ax \not\equiv ay \pmod{p}$ が成り立つ

ことがわかります。このことをいいかえると,

　　　　a が p で割り切れないとき, x, y を p で割った余
　　　　りが異なれば, ax, ay を p で割った余りも異なる

となります。

$$0, \quad 1, \quad 2, \quad \cdots, \quad p-1$$

を p で割った余りは相異なるので, 上の性質より, a が p で
割り切れないとき,

$$a \cdot 0, \quad a \cdot 1, \quad a \cdot 2, \quad \cdots, \quad a \cdot (p-1)$$

を p で割った余りも相異なり, $0, 1, 2, \cdots, p-1$ を並び
替えたものになります。

　一方, 任意の整数 b を p で割った余りは,

$$0, \quad 1, \quad 2, \quad \cdots, \quad p-1$$

のいずれかになるので,

$$a \cdot 0, \quad a \cdot 1, \quad a \cdot 2, \quad \cdots, \quad a \cdot (p-1)$$

を p で割った余りのいずれか 1 つが, b を p で割った余りと
一致します。

　したがって,

　　　　$a \not\equiv 0 \pmod{p}$ のとき, $ax \equiv b \pmod{p}$ を満た
　　　　す x が $0, 1, 2, \cdots, p-1$ にただ 1 つ存在する

ことがいえます。これは，1 次方程式において，

> $a \neq 0$ のとき，$ax = b$ を満たす解 x がただ 1 つ存在する

ことの類似になっています。

また，3.1 節で述べた 1 次式の素因数の性質

> a の約数以外の素数が，$ax + b$（x は整数）の表す数の素因数に現れる

という性質にも相当します。

$$a \cdot 0, \quad a \cdot 1, \quad a \cdot 2, \quad \cdots, \quad a \cdot (p - 1)$$

を p で割った余りは相異なり，$a \cdot 0$ を p で割った余りは 0 なので，

$$a \cdot 1, \quad a \cdot 2, \quad \cdots, \quad a \cdot (p - 1)$$

を p で割った余りは，p 未満の自然数を並び替えたものになります。

このことから，合同式

$$(a \cdot 1)(a \cdot 2) \cdots \{a \cdot (p - 1)\} \equiv (p - 1)! \pmod{p}$$

が成り立ちます。$(p - 1)! \not\equiv 0 \pmod{p}$ なので，両辺を $(p - 1)!$ で割ると，

$$a^{p-1} \equiv 1 \pmod{p}$$

となります。これは，フェルマーの小定理

> a を素数 p で割り切れない整数とするとき，a^{p-1}
> を p で割った余りは 1 である

に他なりません。第 1 章では，a を自然数としていましたが，整数でも成り立ちます。

　前述のとおり，ガウスはフェルマーの小定理を「気品ある美しさ」と「際立った有用さ」とから，「あらゆる角度から注目するだけの値打ちがある」と評しています。そしてフェルマーに対しては，

> この発見者は証明を書き加えていないが，それにもかかわらず，彼は証明を所有していることを公に表明した。　　　　　　　　　　　　　　　（ [25] より）

と評し，証明はオイラーによると紹介しています。

7.4　平方剰余

　合同式を用いると，これまで見てきた事柄が見通しよく説明できます。

　n^2 を 3 で割った余りが 1 であることは，

$$n^2 \equiv 1 \pmod 3$$

と表されます。そして，3 で割ると 1 余る数を 3 の平方剰余とよびました。3 で割ると 1 余る数 a は，

$$a \equiv 1 \pmod{3}$$

と表されます。これより,

$$n^2 \equiv a \pmod{3}$$

が成り立ちます。a は,合同式の世界で平方数になっています。これが,平方剰余の合同式を用いた定義になります。

　まとめておきましょう。a を素数 p で割り切れない整数とします。

$$n^2 \equiv a \pmod{p}$$

を満たす整数 n が存在するとき,a を p の平方剰余といい,このような整数 n が存在しないとき,a を p の平方非剰余といいます。

　合同式を用いると,平方剰余の相互法則

$$\left(\frac{p}{q}\right)\left(\frac{q}{p}\right) = (-1)^{\frac{p-1}{2} \cdot \frac{q-1}{2}}$$

は,

　　相異なる奇数の素数 p, q に対して,p または q が
　　4 で割って 1 余る素数のとき,

$$x^2 \equiv p \pmod{q}, \quad x^2 \equiv q \pmod{p}$$

　　がともに解をもつか,ともに解をもたない。
　　p も q も 4 で割って 3 余る素数のとき,

$$x^2 \equiv p \pmod{q}, \quad x^2 \equiv q \pmod{p}$$

の一方が解をもち，もう一方が解をもたない

となります。

　理由を説明します。2.4 節で見たように，平方剰余の相互法則は

　　　p または q が 4 で割って 1 余る素数のとき，

$$\left(\frac{q}{p}\right) = \left(\frac{p}{q}\right)$$

　　　であり，p も q も 4 で割って 3 余る素数のとき

$$\left(\frac{q}{p}\right) = -\left(\frac{p}{q}\right)$$

　　　である

を表しています。ルジャンドルの記号は，

$$\left(\frac{a}{p}\right) = \begin{cases} 1 & (x^2 \equiv a \pmod{p} \text{ が解をもつ}) \\ -1 & (x^2 \equiv a \pmod{p} \text{ が解をもたない}) \end{cases}$$

といいかえられるので，平方剰余の相互法則は上のようにいいかえられます。

　等式の世界における

$$（平方数）\times（平方数）=（平方数）$$

の合同式における類似が，

156

$$（平方剰余）\times（平方剰余）\equiv（平方剰余）$$

になります。平方剰余の積が平方剰余になることは，次のように説明できます。

a, b を p の平方剰余とすると，

$$m^2 \equiv a \quad (\bmod\ p), \quad n^2 \equiv b \quad (\bmod\ p)$$

を満たす整数 m, n が存在し，辺々かけると

$$(mn)^2 \equiv ab \quad (\bmod\ p)$$

となります。よって，ab は p の平方剰余です。

等式の世界では，「零の性質」から次のことがいえます。

$$x^2 = y^2 \text{ ならば } x = \pm y \text{ が成り立つ。}$$

合同式の世界では，「素数の性質」から次のことが導かれます。

$$x^2 \equiv y^2 \ (\bmod\ p) \text{ ならば } x \equiv \pm y \ (\bmod\ p) \text{ が成}$$
り立つ。

理由を簡単に説明します。まず，$x^2 \equiv y^2 \ (\bmod\ p)$ は，

$$x^2 - y^2 \equiv 0 \quad (\bmod\ p)$$
$$(x - y)(x + y) \equiv 0 \quad (\bmod\ p)$$

と変形でき，「素数の性質」より，

$$x - y \equiv 0 \quad (\bmod\ p) \text{ または } x + y \equiv 0 \quad (\bmod\ p)$$

が成り立ちます。よって，

$$x \equiv \pm y \pmod{p}$$

となります。

さらに，次のことも成り立ちます。

> $x,\ y$ を $x < \dfrac{p}{2},\ y < \dfrac{p}{2}$ を満たす自然数とする
>
> とき，$x^2 \equiv y^2 \pmod{p}$ ならば $x = y$ が成り立つ。

$x,\ y$ が $x < \dfrac{p}{2},\ y < \dfrac{p}{2}$ を満たす自然数のとき，

$0 < x + y < p$ となるので，

$$x + y \not\equiv 0 \pmod{p}$$

です。したがって，

$$x - y \equiv 0 \pmod{p}$$

つまり

$$x \equiv y \pmod{p}$$

が成り立ちます。

$x,\ y$ は $\dfrac{p}{2}$ 未満の自然数だから，

$$x = y$$

です。

x, y を $x < \dfrac{p}{2},\ y < \dfrac{p}{2}$ を満たす自然数とする

とき，$x^2 \equiv y^2 \pmod{p}$ ならば $x = y$ が成り立つ

の対偶をとると，

x, y を $x < \dfrac{p}{2},\ y < \dfrac{p}{2}$ を満たす自然数とする

とき，$x \neq y$ ならば $x^2 \not\equiv y^2 \pmod{p}$ が成り立つ

となります。

　この性質を用いて，p 未満の自然数のうち，p の平方剰余も平方非剰余も $\dfrac{p-1}{2}$ 個あることを示しましょう。

$$1^2,\quad 2^2,\quad \cdots,\quad (p-1)^2$$

を p で割った余りのうち，後半の

$$\left(\dfrac{p+1}{2}\right)^2 = \left(p - \dfrac{p-1}{2}\right)^2,\quad \cdots,\quad (p-2)^2,\quad (p-1)^2$$

を p で割った余りは，それぞれ

$$\left(\dfrac{p-1}{2}\right)^2,\quad \cdots,\quad 2^2,\quad 1^2$$

を p で割った余りに等しくなります。そして，上で示したことから，

$$1^2,\quad 2^2,\quad \cdots,\quad \left(\dfrac{p-1}{2}\right)^2$$

を p で割った余りは相異なります。このことから, p 未満の自然数のうち, p の平方剰余は $\dfrac{p-1}{2}$ 個あることがわかります。p 未満の自然数は $p-1$ 個だから, 平方非剰余も $\dfrac{p-1}{2}$ 個あることがわかります。

7.3 節では, 1 次合同式が 0, 1, $\cdots$, $p-1$ にちょうど 1 つの解をもつことを見ました。

しかし, 2 次合同式の場合は, 1 次合同式とはようすが異なります。

$$1^2, \quad 2^2, \quad 3^2, \quad \cdots, \quad \left(\frac{p-1}{2}\right)^2$$

を p で割った余りは相異なり, それぞれ

$$(p-1)^2, \quad (p-2)^2, \quad (p-3)^2, \quad \cdots, \quad \left(\frac{p+1}{2}\right)^2$$

を p で割った余りに等しいので, 2 次合同式

$$x^2 \equiv a \pmod{p}$$

は, a が p の平方剰余ならば 1, $\cdots$, $p-1$ に 2 つ解をもちます。a が平方非剰余なら解をもちません。また, $a \equiv 0 \pmod{p}$ のとき, 0 がただ 1 つの解になります。

このように, 2 次合同式は 0, 1, $\cdots$, $p-1$ に高々 2 つの解をもちます。

一般に,

n 次合同式は $0, 1, \cdots, p-1$ に高々 n 個の解を
もつ

ことが知られています。

7.5　原始根

$x^4 = 1$ を満たす数，つまり $x^4 - 1 = 0$ の解を求めると，
$x^4 - 1 = (x-1)(x+1)(x^2+1)$ より，$x = \pm 1, \pm i$ とな
ります。ここで，$i^2 = -1$ より，

$$i, \quad -1, \quad -i, \quad 1$$

は，それぞれ

$$i^1, \quad i^2, \quad i^3, \quad i^4$$

と表されます。

じつは，このことは一般に成り立ちます。$x^n = 1$ を満た
す数は，ある複素数 ζ が存在して，

$$\zeta^1, \quad \zeta^2, \quad \cdots, \quad \zeta^n$$

と表されます。8.3 節で詳しく説明します。

合同式の世界でも，$x^n \equiv 1 \pmod{p}$ について複素数の場
合と同様のことがいえるでしょうか。

$p = 5$ として，$x^4 \equiv 1 \pmod{5}$ を考えると，7.3 節の終
わりで説明したフェルマーの小定理

$a \not\equiv 0 \pmod{p}$ のとき，$a^{p-1} \equiv 1 \pmod{p}$　が成り立つ

により, $x = 1$, 2, 3, 4 は $x^4 \equiv 1 \pmod{5}$ を満たすことがわかります。そして,

$$2^1, \quad 2^2, \quad 2^3, \quad 2^4$$

を 5 で割ると, 余りが

$$2, \quad 4, \quad 3, \quad 1$$

となります。

　一般に, $n = p - 1$ のとき, $x^{p-1} \equiv 1 \pmod{p}$ を満たす数は, ある自然数 g が存在して,

$$g^1, \quad g^2, \quad \cdots, \quad g^{p-1}$$

と表されることがわかっています。

　フェルマーの小定理より, p 未満の自然数 x が $x^{p-1} \equiv 1 \pmod{p}$ を満たすので, このような自然数 g が存在することから,

$$g^1, \quad g^2, \quad \cdots, \quad g^{p-1}$$

を p で割ると, 余りが

$$1, \quad 2, \quad \cdots, \quad p-1$$

を並び替えたものになります。このような g は, p の**原始根**とよばれています。

　たとえば, 上で述べたように,

$$2^1, \quad 2^2, \quad 2^3, \quad 2^4$$

講談社選書メチエ

10月12日発売

日本精神史
近代篇 上

長谷川宏
3410円 523521-8

名著『日本精神史』の続編登場！ 近代国家となり、日本の精神はどう変わったのか？ 美術・文学・文化・民俗・演劇・漫画などを渉猟する。

日本精神史
近代篇 下

長谷川宏
3410円 533332-7

日本近代の美術・思想・文学についての文物や文献を手がかりに時代の精神のさまを描ききった、前作『日本精神史』と双璧をなす傑作！

【学術文庫の歴史全集】

興亡の世界史
〈全21巻〉

いかに栄え、なぜ滅んだか。「帝国」「文明」の興亡から現在の世界を深く知る。新たな視点と斬新な巻編成。

天皇の歴史
〈全10巻〉

いつ始まり、いかに継承され、国家と社会にかかわってきたか。変容し続ける「日本史の核心」を問い直す。

中国の歴史
〈全12巻〉

中国語版は累計150万部のベストセラーを文庫化。「まさに名著ぞろいのシリーズです」（出口治明氏）

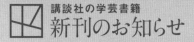

講談社の学芸書籍
新刊のお知らせ
2023 **10** OCTOBER

講談社現代新書

10月19日発売

高学歴難民

阿部恭子
990円 533086-9

高学歴にもかかわらず、生活苦に直面し、精神も病み、社会から孤立……「こんなはずではなかった」誰にも言えない悲惨な実態！

世界史の中の戦国大名

鹿毛敏夫
1210円 533218-4

海に出たらやりたい放題、「王」を名乗って勝手に外交!? 中国へ、アジアへ、欧州へ！ 日本史ではわからない戦国大名たちの姿。

人はどう老いるのか

久坂部羊
1012円 533693-9

誰もが「老い」は初体験。慌てふためかないためには、老いの現実を予習することだ。現場を知る医師がうまく老いるコツを本音で語る。

10月3日発売

続 窓ぎわの
トットちゃん

黒柳徹子 1650円 529671-4

42年ぶり、待望の続編！ 国内で800万部、全世界で2500万部を突破した『窓ぎわのトットちゃん』に続く、笑いあり涙あり、トットの青春記。

自転車に乗る前に読む本
高石鉄雄
1100円 533711-0

中年期からの筋力低下や体質改善に自転車を！ 豊富なデータと応用生理学の知見からその運動効果と体がかわる乗り方を専門家が徹底解説。

ガウスの黄金定理
西来路文朗／清水健一
平方剰余の相互法則で語る数論の世界
1210円 533542-0

オイラーが発見し、ガウスが証明した、2つの素数をめぐる驚きの法則＝黄金定理は、どこがどうすごいのか？ 予備知識ゼロから理解できる！

カラー図説
生命の大進化 40億年史 新生代編
土屋 健／群馬県立自然史博物館 監修
1760円 533647-2

哺乳類の時代──多様化、氷河の時代、そして人類の誕生

恐竜絶滅後の世界は？ 哺乳類の進化から人類の誕生。ダイナミックな進化の道のりを100種以上の生物のイラストと化石写真で紹介！

【好評既刊】 発売即重版！
重力のからくり
山田克哉
1210円 518462-2
相対論と量子論はなぜ「相容れない」のか

この宇宙を支配する最も重要な存在でありながら、なぜか「標準モデル」に含まれない異端児。「重力」とは、いったい何者なのか!?

日本精神史（上）
長谷川宏
1947円 530303-0

縄文時代の巨大建造物から江戸末期の『東海道四谷怪談』まで、日本の思想と文化を「精神」の歴史として一望のもとにとらえたベストセラー！

日本精神史（下）
長谷川宏
2035円 530304-7

1万年のスパンで、この列島に生きた人々の文化・思想を描き尽くした『日本精神史』。待望の続編『日本精神史 近代篇』（上・下）も同時刊行！

龍の世界
池上正治
1265円 532740-1

龍が飛べば、世は昌える！ 歴代中国皇帝が愛した霊獣。その、世界中に隠された逸話や伝説を一挙集約。2024年、辰年を前に読みたい一冊。

精選訳注 文選
興膳 宏／川合康三
1672円 533231-3

中国文学の誕生とその進化を体現する、中国最古にして最大の詞華集・文選。第一人者による充実した解説と共に全容を一望する贅沢な一冊。

レオナルド・ダ・ヴィンチ
片桐頼継
1518円 533533-8
伝説と実像と

「万能の天才」という伝説の向こうに、悩み、挫折し、苦闘し続けたひとりの表現者としてのレオナルドの実像を見る、極上の美術史探究。

を5で割ると，余りが

$$2, \quad 4, \quad 3, \quad 1$$

となり，1, 2, 3, 4 を並び替えたものになります。したがって，2 は5の原始根です。

$$3^1, \quad 3^2, \quad 3^3, \quad 3^4, \quad 3^5, \quad 3^6$$

を7で割ると，余りは

$$3, \quad 2, \quad 6, \quad 4, \quad 5, \quad 1$$

となり，1, 2, 3, 4, 5, 6 を並び替えたものになります。したがって，3 は7の原始根です。

　証明はしませんが，原始根を用いて，平方剰余と平方非剰余，オイラーの規準を説明しましょう。

　g を原始根とすると，定義から

$$g, \quad g^2, \quad g^3, \quad \cdots, \quad g^{p-1}$$

を p で割った余りは，

$$1, \quad 2, \quad 3, \quad \cdots, \quad p-1$$

を並び替えたものになります。

　つまり，

$$g, \quad g^2, \quad g^3, \quad \cdots, \quad g^{p-1}$$

は，p を法として互いに合同ではありません。そして，

$$g^2, \quad g^4, \quad g^6, \quad \cdots, \quad g^{p-1}$$

が p の平方剰余になり，

$$g^1, \quad g^3, \quad g^5, \quad \cdots, \quad g^{p-2}$$

が p の平方非剰余になります。

フェルマーの小定理より，

$$g^{p-1} \equiv 1 \pmod{p}$$

が成り立ち，

$$g^{\frac{p-1}{2}} \equiv \pm 1 \pmod{p}$$

となります。

$$g, \quad g^2, \quad g^3, \quad \cdots, \quad g^{p-1}$$

は，p を法として互いに合同ではないので，

$$g^{\frac{p-1}{2}} \not\equiv g^{p-1} \pmod{p}$$

となり，$g^{p-1} \equiv 1 \pmod{p}$ より，

$$g^{\frac{p-1}{2}} \equiv -1 \pmod{p}$$

となります。両辺を k 乗すると，

$$(g^k)^{\frac{p-1}{2}} \equiv (g^{\frac{p-1}{2}})^k \equiv (-1)^k \pmod{p}$$

が得られます。

したがって，平方剰余

$$g^2, \quad g^4, \quad g^6, \quad \cdots, \quad g^{p-1}$$

に対し，

$$(g^k)^{\frac{p-1}{2}} \equiv 1 \pmod{p}$$

となり，平方非剰余

$$g^1, \quad g^3, \quad g^5, \quad \cdots, \quad g^{p-2}$$

に対し，

$$(g^k)^{\frac{p-1}{2}} \equiv -1 \pmod{p}$$

となります。

原始根 g の定義から，p で割り切れない整数 a は

$$a \equiv g^k \pmod{p} \quad (k = 1, 2, \cdots, p-1)$$

と表されるので，オイラーの規準

> p を奇数の素数とし，a を p で割り切れない整数と
> する。a が p の平方剰余ならば，$a^{\frac{p-1}{2}}$ を p で割った
> 余りは 1 になる。a が p の平方非剰余ならば，$a^{\frac{p-1}{2}}$
> を p で割った余りは -1 になる

が説明できました。

本書では，ルジャンドルの記号を

$$\left(\frac{a}{p} \right) = \begin{cases} 1 & (a^{\frac{p-1}{2}} \text{ を } p \text{ で割った余りが } 1) \\ -1 & (a^{\frac{p-1}{2}} \text{ を } p \text{ で割った余りが } -1) \end{cases}$$

と定義しました。合同式で表すと，

$$\left(\frac{a}{p}\right) \equiv a^{\frac{p-1}{2}} \pmod{p}$$

となります。そして，オイラーの規準を用いて，

$$\left(\frac{a}{p}\right) = \begin{cases} 1 & (a \text{ は } p \text{ の平方剰余}) \\ -1 & (a \text{ は } p \text{ の平方非剰余}) \end{cases}$$

といいかえました。

　ルジャンドルの記号を

$$\left(\frac{a}{p}\right) = \begin{cases} 1 & (a \text{ は } p \text{ の平方剰余}) \\ -1 & (a \text{ は } p \text{ の平方非剰余}) \end{cases}$$

と定義する本も多くあります。この場合，

$$\left(\frac{a}{p}\right) \equiv a^{\frac{p-1}{2}} \pmod{p}$$

がオイラーの規準とよばれます。

第3部
黄金定理を証明する

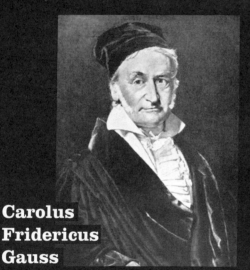

Carolus
Fridericus
Gauss

$$\left(\frac{p}{q}\right)\left(\frac{q}{p}\right) = (-1)^{\frac{p-1}{2} \cdot \frac{q-1}{2}}$$

Theorematis Aurei

第 8 章と第 9 章では，ガウスによる平方剰余の相互法則の証明を説明します。

本章では，ガウスの 7 通りの証明について，発見や発表の経緯を説明します。そして，ガウスの重要な発見であるガウス和による証明を紹介します。

ガウス和による証明は，相互法則の本質が現れている証明であると同時に，その後の発展につながった証明でもあります。高度な証明ですが，複素数平面の基本的なことから詳しく解説していきますので，安心して読み進めてください。

8.1 7つの証明

ガウスは，平方剰余の相互法則の証明を 7 つ与えました。生前に 6 つが発表され，没後に未発表の証明が 1 つ見つかりました。未発表の証明を 2 つと数える場合もあるのですが，アイディアが同じなので，1 つと数える場合が多いようです。本書もこの立場をとります。

ガウスの 7 つの証明についてまとめると，次の表のようになります。

	論文	日記	手法
第 1 証明	1801 年	1796 年 4 月 8 日	数学的帰納法
第 2 証明	1801 年	1796 年 6 月 27 日	2 次形式
第 3 証明	1808 年	1807 年 5 月 6 日	ガウスの補題
第 4 証明	1811 年	1805 年 8 月 30 日	ガウス和
第 5 証明	1818 年	――	ガウスの補題
第 6 証明	1818 年	――	ガウス和
第 7 証明	未発表	1796 年 9 月 2 日	ガウス和（ガウス周期）

　表において，「論文」の列は論文が出版された年，「日記」の列はガウスの日記に記載されている証明を得た日付です。

　ガウスが平方剰余の相互法則に 7 通りの証明を与えた理由の一つは，4 乗剰余の相互法則の証明を目指していたから，といわれています。つまり，平方剰余の相互法則の証明のうち，4 乗剰余の相互法則の証明に応用できるものを探していました（4 乗剰余とその相互法則については，第 10 章で説明します）。

　ガウスは 1795 年の初頭，平方剰余の相互法則の第 1 補充法則

$$\left(\frac{-1}{p} \right) = (-1)^{\frac{p-1}{2}}$$

を発見します。この法則は，-1 が奇数の素数 p の平方剰余になるための必要十分条件です。ガウスは絶対値が小さな整数 a に対し，a が奇数の素数 p の平方剰余になるための必要十分条件を調べ，一般の平方剰余の相互法則

$$\left(\frac{p}{q}\right)\left(\frac{q}{p}\right) = (-1)^{\frac{p-1}{2}\cdot\frac{q-1}{2}}$$

を発見します。ガウスは証明に着手しますが，証明には多くの困難をともない，約 1 年の月日を要しました。

1796 年 4 月 8 日，ガウスは数学的帰納法を用いた最初の証明を得ます。『数論研究』の中で，この証明を発表しました。第 1 証明とよばれています。ガウスは後年，この証明について次のように述べています。

> この定理それ自体には，私はまったく単独で 1795 年に出会っていた。高等的アリトメチカの領域においてそれまでに成し遂げられていたあれこれの事柄を何も知らず，そのうえ文献上の補助的手段からもまったく閉ざされていたころのことであった。だが，上記の著作の第 4 章で報告された証明をようやく手にするまで，この定理は丸一年にわたって私をてこずらせ，懸命の努力をもってしても近づくことはできなかった。　　　　　　　　　　（[27] より）

「上記の著作」とは『数論研究』のことです。

第 1 証明から約 5 ヵ月の間に，ガウスは 2 つの別の証明を得ます。これだけの短期間で 3 通りの証明を見出したのは，じつに驚くべきことです。

これら 2 つの別の証明について説明します。

第 1 証明から約 2 ヵ月半後の 1796 年 6 月 27 日，現在「種の理論」とよばれている 2 次形式の理論を完成させ，平方剰

余の相互法則を証明しました。第2証明とよばれています。

2次形式とは，

$$x^2 + y^2$$

のように，

$$ax^2 + bxy + cy^2$$

の形をした整数係数の2次式のことです。

第2証明には，この2次形式と平方剰余の関係を用います。この証明は，ガウスの『数論研究』に述べられています。

第2証明から約2ヵ月後の1796年9月2日には，ガウスは現在でいうところの有限体の拡大体の概念を得て，ガウス周期に基づく証明を得ます。第7証明とよばれています。この証明も『数論研究』で発表される予定でしたが，実現しませんでした。ページ数を減らす必要が生じ，見送ったと考えられています。

この節の冒頭の表からはわかりませんが，第7証明が未発表であることや，他のさまざまな事情もあって，第3証明から第6証明は，証明を得た日と発表の順序が異なります。

第7証明を，ガウス和を用いてまとめ直したのが，第6証明の前身です。この段階では，後述するガウス和の符号決定問題が未解決でした。この問題を解決したのが第4証明です。ガウスは，第4証明を1805年8月30日に得て，1811年に発表します。第6証明は1818年に発表しています。第7証明は前述のとおり，生前には発表されませんでした。

ガウスは1807年5月，ガウスの補題を用いた証明を得ます。第3証明とよばれています。この証明の中で，ガウスの

記号 [ ] が使われています。

　第 3 証明は 1808 年に発表されました。第 5 証明は 1818 年に，第 6 証明と同じ論文の中で発表されました。ガウスの補題を用いた，個数の数え上げによる最も初等的な証明です。この論文の序文には，次のような説明があります。

　　すでに 9 年前に約束しておいた新しい証明を，今になってはじめて公表することにしたのには，別の理由もあった。というのは，1805 年に 3 次剰余および 4 次剰余の理論の研究を始めたとき，これははるかに困難なテーマなのだが，私はかつて平方剰余の理論において陥ったのとほとんど同じ運命に遭遇したのである。
　　　　　　　　　　　　　　　　　　　　（ [27] より）

　1805 年頃，ガウスは 3 乗剰余の相互法則，4 乗剰余の相互法則の研究に取り組みはじめ，すぐにいくつかの定理を得ていました。しかし，3 乗剰余や 4 乗剰余の理論の全体像を見出し，相互法則の証明を与えることは，ガウスにとっても難しいことでした。平方剰余の相互法則と同じ運命に遭遇したというのは，このことを指しています。ガウスは，この困難を乗り越えるために，一般化できる平方剰余の相互法則の別の証明を付け加えようとしていたのです。

　ガウスは数々の偉大な業績を挙げており，歴史上最大の数学者といえる存在ですが，平方剰余の相互法則の証明の歴史を見ると，たゆまぬ努力やあくなき探究心と無縁でなかったことがわかります。そしてその過程には，試行錯誤の跡も見てとれるように思います。

172

　ガウスによる平方剰余の相互法則の証明を用いた手法で分類すると,「数学的帰納法」「2次形式の種の理論」「ガウスの補題」「ガウス和」の4つに分けられます。ガウスのオリジナルな証明は,その後の数学者の改良により,わかりやすい形になっています。本書では,これらの証明がどのようなものであるかを,大まかに解説します。

　この章ではまず,ガウス和がどのようなものであるかを紹介し,ガウス和を用いた証明について説明します。

8.2　ガウス和

　ガウス和は,$x^n = 1$ の解,つまり1の n 乗根とよばれる複素数を用いて表されます。そして,1の n 乗根は三角関数の値や指数関数の値を用いて表されます。

　2次より大きい次数の方程式や複素数など,高度な数学を必要としますので,段階的にわかりやすく説明します。まず,実数の範囲で説明します。

　n を自然数とします。次のような三角関数の値の和を**ガウス和**といいます。

$$\sum_{k=0}^{n-1} \cos \frac{2\pi k^2}{n}$$

$$= \cos \frac{2\pi \cdot 0^2}{n} + \cos \frac{2\pi \cdot 1^2}{n} + \cdots + \cos \frac{2\pi \cdot (n-1)^2}{n}$$

$$\sum_{k=0}^{n-1} \sin \frac{2\pi k^2}{n}$$

$$= \sin \frac{2\pi \cdot 0^2}{n} + \sin \frac{2\pi \cdot 1^2}{n} + \cdots + \sin \frac{2\pi \cdot (n-1)^2}{n}$$

具体的に，$n = 1$，2，3，4 のときの値を計算してみましょう。

$n = 1$ のとき，$n - 1 = 0$ だから，ガウス和は

$$\cos \frac{2\pi \cdot 0^2}{1} = \cos 0 = 1$$

$$\sin \frac{2\pi \cdot 0^2}{1} = \sin 0 = 0$$

となります。

$n = 2$ のとき，$n - 1 = 1$ だから，ガウス和は

$$\cos \frac{2\pi \cdot 0^2}{2} + \cos \frac{2\pi \cdot 1^2}{2} = \cos 0 + \cos \pi = 1 + (-1) = 0$$

$$\sin \frac{2\pi \cdot 0^2}{2} + \sin \frac{2\pi \cdot 1^2}{2} = \sin 0 + \sin \pi = 0 + 0 = 0$$

となります。

$n = 3$ のとき，$n - 1 = 2$ だから，ガウス和は

$$\cos \frac{2\pi \cdot 0^2}{3} + \cos \frac{2\pi \cdot 1^2}{3} + \cos \frac{2\pi \cdot 2^2}{3}$$
$$= 1 + \left(-\frac{1}{2}\right) + \left(-\frac{1}{2}\right) = 0$$

$$\sin \frac{2\pi \cdot 0^2}{3} + \sin \frac{2\pi \cdot 1^2}{3} + \sin \frac{2\pi \cdot 2^2}{3}$$
$$= 0 + \frac{\sqrt{3}}{2} + \frac{\sqrt{3}}{2} = \sqrt{3}$$

となります。

$n = 4$ のとき，$n - 1 = 3$ だから，ガウス和は

$$\cos \frac{2\pi \cdot 0^2}{4} + \cos \frac{2\pi \cdot 1^2}{4} + \cos \frac{2\pi \cdot 2^2}{4} + \cos \frac{2\pi \cdot 3^2}{4}$$
$$= 1 + 0 + 1 + 0 = 2$$

$$\sin \frac{2\pi \cdot 0^2}{4} + \sin \frac{2\pi \cdot 1^2}{4} + \sin \frac{2\pi \cdot 2^2}{4} + \sin \frac{2\pi \cdot 3^2}{4}$$
$$= 0 + 1 + 0 + 1 = 2$$

となります。

ガウスは，n を 4 で割った余りである 0，1，2，3 に応じて，一般に

$$\sum_{k=0}^{n-1} \cos \frac{2\pi k^2}{n} = \sqrt{n},\ \sqrt{n},\ 0,\ 0 \qquad (8.1)$$

$$\sum_{k=0}^{n-1} \sin \frac{2\pi k^2}{n} = \sqrt{n},\ 0,\ 0,\ \sqrt{n} \qquad (8.2)$$

となることを示しています。

ガウスは 1801 年 5 月中旬にこの公式を予想し，この公式から平方剰余の相互法則の新しい証明が得られることを示しています。しかしこのときは，$\sqrt{n}$ の符号が決定できず，$\pm \sqrt{n}$ までしか証明できていませんでした。これが，前述の符号決定問題です。ガウスは，この符号の決定に 4 年の歳月を費やしました。1805 年 8 月 30 日の日記に，

> 4 年以上もかけて心魂を傾けて追い求めてきたが,
> ようやく完成した。 （ [28] より）

と記しています。また，1805 年 9 月 3 日のオルバース宛の
手紙では，次のように書いています。

> 根号の符号を決定する問題は長い年月私を悩ませて
> いました。この部分だけが未証明であることが私の
> 発見すべてに影を落としていました。過去 4 年の
> 間，この解けない結び目をほどこうとして，いつも
> 失敗に終わるのですが何か新しい思いつきを試しさ
> らに新しいやりかたをも試してみることなしに 1 週
> 間を過すということはほとんどありませんでした。
> しかし遂に数日前にそれに成功したのです。しかし
> それは私の探索のゆえにそうなったのではなく，い
> わば神の恵みというべきものによってそうなったの
> です。稲妻が走るようにしてその謎は自ら解けてし
> まったのです。 （ [21] より）

　ガウス和の符号の問題については，8.5 節で改めて説明し
ます。

8.3　ガウス平面で考える

　ガウス和を用いた平方剰余の相互法則の証明を説明するに
は，複素数を導入し，オイラーの公式を用いて，三角関数を
指数関数で表すと見通しがよくなります。この節で，順に説

明しましょう。

$$x^2 = -1$$

を満たす数は実数の世界にはありませんが，この方程式を満たす数の世界があると考えることにします。そのような数の世界が複素数です。

　$x^2 = -1$ の解の1つを i とおきます。i を**虚数単位**といいます。そして，

$$a + bi \quad (a,\ b \text{は実数})$$

という形の数を**複素数**とよびます。a を**実部**，b を**虚部**といいます。

　複素数の和，差，積は，

　i の多項式として計算し，$i^2 = -1$ とする

ということを用いて計算します。和，差は

$$(a + bi) + (c + di) = (a + c) + (b + d)i$$
$$(a + bi) - (c + di) = (a - c) + (b - d)i$$

となり，積は

$$\begin{aligned}(a + bi)(c + di) &= ac + adi + bci + bdi^2 \\ &= ac + adi + bci + bd \cdot (-1) \\ &= (ac - bd) + (ad + bc)i\end{aligned}$$

となります。

では，商はどうでしょうか。

$$\frac{1}{a+bi} = \frac{a-bi}{(a+bi)(a-bi)} = \frac{a-bi}{a^2-b^2i^2} = \frac{a-bi}{a^2+b^2}$$

だから，商は積を利用して，

$$\frac{c+di}{a+bi} = (c+di) \times \frac{1}{a+bi} = (c+di) \times \frac{a-bi}{a^2+b^2}$$
$$= \frac{(ac+bd)+(ad-bc)i}{a^2+b^2}$$

と計算できます。複素数にも，実数と同じように四則演算が
あります。

6.6 節で紹介したように，ガウスによって代数学の基本定理

複素数係数の n 次方程式は，複素数の範囲に（重複
を含めて）n 個の複素数解をもつ

が示されています。

ガウスは，xy 平面の点 (a, b) を複素数 $a+bi$ に対応させ
るというアイディアで，複素数を図示しました。**複素数平面**，
または**ガウス平面**とよばれています。横軸を**実軸**，たて軸を
虚軸といいます。

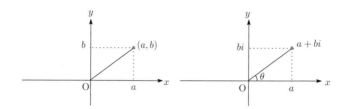

複素数平面において，実軸の正の部分と，原点 O と $a+bi$ を結ぶ線分とのなす角 θ を**偏角**といいます。そして，原点から $a+bi$ までの長さを**絶対値**といい，$|a+bi|$ と表します。上の図において三平方の定理を用いると，

$$|a+bi| = \sqrt{a^2+b^2}$$

であることがわかります。また，

$$(a+bi)(c+di) = (ac-bd)+(ad+bc)i$$
$$(a^2+b^2)(c^2+d^2) = (ac-bd)^2+(ad+bc)^2$$

が成り立つので，

$$|a+bi|^2|c+di|^2 = (a^2+b^2)(c^2+d^2)$$
$$= (ac-bd)^2+(ad+bc)^2 = |(a+bi)(c+di)|^2$$

となり，

$$|a+bi||c+di| = |(a+bi)(c+di)|$$

が成り立ちます。

xy 平面において，中心が原点で，半径が 1 の円を**単位円**といいます。単位円上の点 P をとり，x 軸の正の部分と，原

点 O と P を結ぶ半径とのなす角を θ とすると，点 P の座標は $(\cos\theta,\ \sin\theta)$ と表されます。

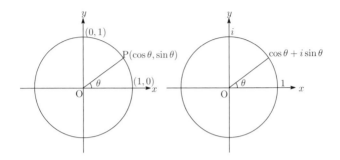

　複素数平面では，絶対値 1 の点全体が単位円になります。xy 平面の点 $P(\cos\theta, \sin\theta)$ は $\cos\theta + i\sin\theta$ に対応し，絶対値 1，偏角 θ の複素数になります。

　三角関数の加法定理

$$\cos(\alpha + \beta) = \cos\alpha\cos\beta - \sin\alpha\sin\beta$$

$$\sin(\alpha + \beta) = \sin\alpha\cos\beta + \cos\alpha\sin\beta$$

を用いると，

$$(\cos\alpha + i\sin\alpha)(\cos\beta + i\sin\beta)$$
$$= (\cos\alpha\cos\beta - \sin\alpha\sin\beta) + i(\sin\alpha\cos\beta + \cos\alpha\sin\beta)$$
$$= \cos(\alpha + \beta) + i\sin(\alpha + \beta)$$

となります。$\cos\alpha + i\sin\alpha$ と $\cos\beta + i\sin\beta$ の積が，偏角 α と β の和で求まります。

　とくに，$\cos\theta + i\sin\theta$ の n 乗は，偏角 θ の n 倍で求まる

ので，

$$(\cos\theta + i\sin\theta)^n = \cos n\theta + i\sin n\theta$$

となります。**ド・モアブルの公式**といいます。

　ド・モアブル（1667–1754）は，フランスの数学者です。この公式を用いると，

$$x^n = 1$$

という方程式を解くことができます。まず，両辺の絶対値をとると，

$$|x|^n = 1$$

となります。絶対値は 0 または正の実数だから，

$$|x| = 1$$

となります。$x^n = 1$ を満たす数 x は，複素数平面では O を中心とする半径 1 の円周上にあります。よって，

$$x = \cos\theta + i\sin\theta \quad (0 \leqq \theta < 2\pi)$$

とおけます。両辺を n 乗すると，ド・モアブルの公式より，

$$x^n = \cos n\theta + i\sin n\theta$$

となります。$x^n = 1$ より，

$$\cos n\theta + i\sin n\theta = 1$$

となり，$\cos n\theta = 1$，$\sin n\theta = 0$ となります。

$$0 \leqq n\theta < 2n\pi$$

なので，

$$n\theta = 0,\ 2\pi,\ 4\pi,\ \cdots,\ 2(n-1)\pi$$

となり，

$$\theta = 0,\ \frac{2\pi}{n},\ \frac{4\pi}{n},\ \cdots,\ \frac{2(n-1)\pi}{n}$$

となります。

$$\cos 0 + i\sin 0 = 1, \quad \cos\frac{2\pi}{n} + i\sin\frac{2\pi}{n}, \quad \cdots,$$

$$\cos\frac{2(n-1)\pi}{n} + i\sin\frac{2(n-1)\pi}{n}$$

は，複素数平面で半径 1 の円上にあり，偏角が $\dfrac{2\pi}{n}$ ずつ増えるので，隣り合う 2 点の距離が等しくなります。つまり，これらの複素数を表す点を順に結ぶと，正 n 角形ができます。

$x^n = 1$ の解は，**1 の** n **乗根**とよばれています。1 の n 乗根は，半径 1 の円に内接する正 n 角形の頂点にあたるという幾何的な意味をもちます。この事実は，ガウスによる正多角形の作図問題の解決につながっていきます。

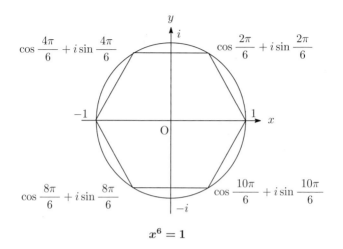

$$x^6 = 1$$

$$(\cos\alpha + i\sin\alpha)(\cos\beta + i\sin\beta) = \cos(\alpha+\beta) + i\sin(\alpha+\beta)$$

において，積が偏角 α と β の和で求まることは，指数法則

$$a^m \times a^n = a^{m+n}$$

において，積が指数 m と n の和で求まることに似ています。

じつは，

$$e^{i\theta} = \cos\theta + i\sin\theta$$

が成り立つことが知られています。この公式を**オイラーの公式**といいます。

たとえば，$\theta = \dfrac{\pi}{2}$, π, 2π のとき，それぞれ

$$e^{\frac{\pi}{2}i} = \cos\frac{\pi}{2} + i\sin\frac{\pi}{2} = i$$

$$e^{\pi i} = \cos \pi + i \sin \pi = -1$$

$$e^{2\pi i} = \cos 2\pi + i \sin 2\pi = 1$$

となります。

オイラーの公式を用いると,

$$\cos \theta = \frac{e^{i\theta} + e^{-i\theta}}{2}, \qquad \sin \theta = \frac{e^{i\theta} - e^{-i\theta}}{2i}$$

が成り立ちます。つまり,指数関数と三角関数は,複素数の世界では同じ種類の関数であると主張しています。驚くべき公式です。

$$(\cos \alpha + i \sin \alpha)(\cos \beta + i \sin \beta) = \cos(\alpha + \beta) + i \sin(\alpha + \beta)$$

を,オイラーの公式を用いて書き換えると,

$$e^{i\alpha} e^{i\beta} = e^{i(\alpha + \beta)}$$

となります。ド・モアブルの公式

$$(\cos \theta + i \sin \theta)^n = \cos n\theta + i \sin n\theta$$

は,

$$(e^{i\theta})^n = e^{in\theta}$$

となります。これらは,複素数における指数法則であるといえます。

また,三角関数の周期に関する公式

$$\cos(\theta + 2n\pi) = \cos \theta, \qquad \sin(\theta + 2n\pi) = \sin \theta$$

は，

$$e^{i(\theta+2n\pi)} = e^{i\theta} \tag{8.3}$$

となります。指数法則を用いて，

$$e^{i(\theta+2n\pi)} = e^{i\theta} \cdot (e^{2\pi i})^n = e^{i\theta} \cdot 1^n = e^{i\theta}$$

と計算することもできます。

1 の n 乗根

$$\cos 0 + i\sin 0 = 1, \quad \cos\frac{2\pi}{n} + i\sin\frac{2\pi}{n}, \quad \cdots,$$

$$\cos\frac{2(n-1)\pi}{n} + i\sin\frac{2(n-1)\pi}{n}$$

は，

$$e^{\frac{2\pi \cdot 0}{n}i} = 1, \quad e^{\frac{2\pi \cdot 1}{n}i}, \quad e^{\frac{2\pi \cdot 2}{n}i}, \quad \cdots, \quad e^{\frac{2\pi \cdot (n-1)}{n}i}$$

となります。

1 の n 乗根は $x^n - 1 = 0$ の解だから，

$$x^n - 1 = (x-1)(x - e^{\frac{2\pi \cdot 1}{n}i})(x - e^{\frac{2\pi \cdot 2}{n}i}) \cdots (x - e^{\frac{2\pi \cdot (n-1)}{n}i})$$

と因数分解できます。右辺を展開し，x^{n-1} の係数を比較すると，

$$1 + e^{\frac{2\pi \cdot 1}{n}i} + e^{\frac{2\pi \cdot 2}{n}i} + \cdots + e^{\frac{2\pi \cdot (n-1)}{n}i} = 0 \tag{8.4}$$

が成り立ちます。

また，

$$\sum_{k=0}^{n-1} \cos \frac{2\pi k^2}{n} + i \sum_{k=0}^{n-1} \sin \frac{2\pi k^2}{n}$$

$$= \sum_{k=0}^{n-1} (\cos \frac{2\pi k^2}{n} + i \sin \frac{2\pi k^2}{n})$$

$$= \sum_{k=0}^{n-1} e^{\frac{2\pi k^2}{n} i}$$

となります。

$$\sum_{k=0}^{n-1} e^{\frac{2\pi k^2}{n} i} = e^{\frac{2\pi \cdot 0^2}{n} i} + e^{\frac{2\pi \cdot 1^2}{n} i} + \cdots + e^{\frac{2\pi \cdot (n-1)^2}{n} i}$$

も **ガウス和** とよびます。

(8.1)式と(8.2)式, つまり

$$\sum_{k=0}^{n-1} \cos \frac{2\pi k^2}{n} = \sqrt{n}, \ \sqrt{n}, \ 0, \ 0$$

$$\sum_{k=0}^{n-1} \sin \frac{2\pi k^2}{n} = \sqrt{n}, \ 0, \ 0, \ \sqrt{n}$$

より, n を 4 で割った余り 0, 1, 2, 3 に応じて,

$$\sum_{k=0}^{n-1} e^{\frac{2\pi k^2}{n} i} = \sqrt{n} + \sqrt{n}\, i, \ \sqrt{n}, \ 0, \ \sqrt{n}\, i \qquad (8.5)$$

となります。(8.1)式と(8.2)式の2つの公式が, 指数関数 $e^{i\theta}$ に関する1つの公式になりました。

8.4 **第 4 証明**

　ガウス和を用いた平方剰余の相互法則の証明，すなわち第
4 証明について説明しましょう。第 4 証明は 1811 年に発表
されています。

　この節では，より一般的なガウス和

$$G(h, n) = \sum_{k=0}^{n-1} e^{\frac{2\pi h k^2}{n} i}$$

を扱います。$h = 1$ の場合が前節までのガウス和です。ガウ
スのオリジナルの証明は，n が自然数の場合を扱っています
が，ここでは n が素数または 2 つの素数の積の場合に限定し
て，証明の流れをわかりやすく説明します。

　p を奇数の素数とします。(8.5)式より，p を 4 で割った余
り 1, 3 に応じて，それぞれ

$$G(1, p) = \sum_{k=0}^{p-1} e^{\frac{2\pi k^2}{p} i} = \sqrt{p}, \ \sqrt{p}\, i$$

となります。q を p と異なる奇数の素数とします。q につい
ても同様に(8.5)式より，q を 4 で割った余り 1, 3 に応じて，
それぞれ

$$G(1, q) = \sqrt{q}, \ \sqrt{q}\, i$$

となります。

　$p,\ q$ のそれぞれを 4 で割った余りが 1 であるか 3 である

かにしたがって，$G(1, p)G(1, q)$ と $G(1, pq)$ の値を比べて
みます。

p, q がともに 4 で割って 1 余る素数のとき，pq は 4 で
割って 1 余ります。このとき

$$G(1, p)G(1, q) = \sqrt{p}\sqrt{q} = \sqrt{pq},$$
$$G(1, pq) = \sqrt{pq}$$

となるので，

$$G(1, p)G(1, q) = G(1, pq)$$

が成り立ちます。

p が 4 で割って 1 余る素数，q が 4 で割って 3 余る素数の
とき，pq は 4 で割って 3 余ります。このとき

$$G(1, p)G(1, q) = \sqrt{p} \cdot \sqrt{q}\, i = \sqrt{pq}\, i,$$
$$G(1, pq) = \sqrt{pq}\, i$$

となるので，

$$G(1, p)G(1, q) = G(1, pq)$$

が成り立ちます。

p が 4 で割って 3 余る素数，q が 4 で割って 1 余る素数の
とき，上の場合と同様に

$$G(1, p)G(1, q) = G(1, pq)$$

が成り立ちます。

p, q がともに 4 で割って 3 余る素数のとき，pq は 4 で

割って 1 余ります。このとき

$$G(1, p)G(1, q) = \sqrt{p}\, i \cdot \sqrt{q}\, i = -\sqrt{pq},$$
$$G(1, pq) = \sqrt{pq}$$

となるので，これまでの場合とは異なり，

$$G(1, p)G(1, q) = -G(1, pq)$$

が成り立ちます。

　以上のことより，p, q の少なくとも一方が 4 で割って 1 余る素数のとき，

$$G(1, p)G(1, q) = G(1, pq)$$

となり，p, q がともに 4 で割って 3 余る素数のとき，

$$G(1, p)G(1, q) = -G(1, pq)$$

となります。

$$(-1)^{\frac{p-1}{2} \cdot \frac{q-1}{2}} = \left\{ \begin{array}{ll} 1 & (p \text{ または } q \text{ が} \\ & \quad 4 \text{ で割って } 1 \text{ 余る素数}) \\ -1 & (p \text{ も } q \text{ も } 4 \text{ で割って } 3 \text{ 余る素数}) \end{array} \right.$$

を用いると，この 2 つの式は

$$G(1, p)G(1, q) = (-1)^{\frac{p-1}{2} \cdot \frac{q-1}{2}} G(1, pq) \tag{8.6}$$

のようにまとめることができます。

　ガウスはさらに，p, q が相異なる奇数の素数のとき，

$$G(p, q)G(q, p) = G(1, pq) \tag{8.7}$$

と

$$G(p, q) = \left(\frac{p}{q}\right) G(1, q), \quad G(q, p) = \left(\frac{q}{p}\right) G(1, p)$$

$$(8.8)$$

も示しています。ここで，$\left(\dfrac{p}{q}\right)$, $\left(\dfrac{q}{p}\right)$ はルジャンドルの記号です。(8.7) の左辺は，(8.6) と (8.8) を用いると，

$$
\begin{aligned}
G(p, q)G(q, p) &= \left(\frac{p}{q}\right) G(1, q) \cdot \left(\frac{q}{p}\right) G(1, p) \\
&= \left(\frac{p}{q}\right)\left(\frac{q}{p}\right) G(1, q) G(1, p) \\
&= \left(\frac{p}{q}\right)\left(\frac{q}{p}\right) (-1)^{\frac{p-1}{2} \cdot \frac{q-1}{2}} G(1, pq)
\end{aligned}
$$

と変形できるので，(8.7) は

$$\left(\frac{p}{q}\right)\left(\frac{q}{p}\right) (-1)^{\frac{p-1}{2} \cdot \frac{q-1}{2}} G(1, pq) = G(1, pq)$$

と変形できます。$G(1, pq)$ は 0 ではないので，両辺を $G(1, pq)$ で割ると，平方剰余の相互法則

$$\left(\frac{p}{q}\right)\left(\frac{q}{p}\right) = (-1)^{\frac{p-1}{2} \cdot \frac{q-1}{2}}$$

が得られます。

8.5　ガウス周期とガウス和

　ガウス和を用いた平方剰余の相互法則の証明は，発表順

に第4証明，第6証明があり，さらに未発表の第7証明が
あります。これらの証明の発見と発表の順序が異なることは
すでに述べたとおりです。

　ガウス和を用いた証明は，正多角形の作図問題に用いられ
るガウス周期の研究に端を発します。この節の前半でガウス
周期とガウス和の関係を説明し，後半でガウス和による証明
と発表の経緯を見ていきましょう。

　p を奇数の素数とし，k は p 未満の自然数とします。

$$A = \sum_{k:\text{平方剰余}} e^{\frac{2\pi k}{p}i}, \qquad B = \sum_{k:\text{平方非剰余}} e^{\frac{2\pi k}{p}i}$$

とおきます。A, B を **2次のガウス周期**とよびます。

　たとえば，$p = 3$ のとき，1 が 3 の平方剰余であり，2 が平
方非剰余であることより，

$$A = e^{\frac{2\pi \cdot 1}{3}i} \qquad B = e^{\frac{2\pi \cdot 2}{3}i}$$

となります。(8.4)式より，

$$e^{\frac{2\pi \cdot 1}{3}i} + e^{\frac{2\pi \cdot 2}{3}i} = -1$$

だから，

$$A + B = -1$$

となります。

　同様に $p = 5$ のとき，1, 4 が 5 の平方剰余であり，2, 3
が平方非剰余であることより，

$$A = e^{\frac{2\pi \cdot 1}{5}i} + e^{\frac{2\pi \cdot 4}{5}i}, \qquad B = e^{\frac{2\pi \cdot 2}{5}i} + e^{\frac{2\pi \cdot 3}{5}i}$$

となります。(8.4)式より，

$$e^{\frac{2\pi\cdot 1}{5}i} + e^{\frac{2\pi\cdot 2}{5}i} + e^{\frac{2\pi\cdot 3}{5}i} + e^{\frac{2\pi\cdot 4}{5}i} = -1$$

だから，

$$A + B = -1$$

となります。

　一般に，p を奇数の素数とするとき，(8.4)式より，

$$e^{\frac{2\pi\cdot 1}{p}i} + e^{\frac{2\pi\cdot 2}{p}i} + \cdots + e^{\frac{2\pi\cdot (p-1)}{p}i} = -1$$

となります。

　p 未満の自然数は，平方剰余と平方非剰余に二分されるので，

$$A + B = -1$$

が成り立ちます。

　2 次のガウス周期を用いると，ガウス和は

$$G(1, p) = A - B$$

と表されます。

　この式が成り立つ理由を説明します。

　たとえば，$p = 3$ のときは，8.4 節で定義したように

$$G(1, 3) = \sum_{k=0}^{2} e^{\frac{2\pi\cdot k^2}{3}i} = 1 + e^{\frac{2\pi\cdot 1}{3}i} + e^{\frac{2\pi\cdot 4}{3}i}$$

です。(8.3)式より，

$$e^{\frac{2\pi \cdot 4}{3}i} = e^{(\frac{2\pi \cdot 1}{3}+2\pi)i} = e^{\frac{2\pi \cdot 1}{3}i}$$

だから，

$$G(1,3) = 1 + 2e^{\frac{2\pi \cdot 1}{3}i} = 1 + 2A$$

となり，$A + B = -1$ を用いると，

$$G(1,3) = A - B$$

となります。

$p = 5$ のときは，

$$G(1,5) = \sum_{k=0}^{4} e^{\frac{2\pi \cdot k^2}{5}i} = 1 + e^{\frac{2\pi \cdot 1}{5}i} + e^{\frac{2\pi \cdot 4}{5}i} + e^{\frac{2\pi \cdot 9}{5}i} + e^{\frac{2\pi \cdot 16}{5}i}$$

であり，(8.3)式より

$$e^{\frac{2\pi \cdot 9}{5}i} = e^{\frac{2\pi \cdot 4}{5}i}, \quad e^{\frac{2\pi \cdot 16}{5}i} = e^{\frac{2\pi \cdot 1}{5}i}$$

だから，

$$G(1,5) = 1 + 2e^{\frac{2\pi \cdot 1}{5}i} + 2e^{\frac{2\pi \cdot 4}{5}i} = 1 + 2A$$

となり，$A + B = -1$ を用いると，

$$G(1,5) = A - B$$

となります。

一般の場合，$G(1,p)$ は $e^{\frac{2\pi k^2}{p}i}$ の

$$k = 0, \quad 1, \quad 2, \quad \cdots, \quad p-1$$

についての和です。

$$k^2 = 0^2, \quad 1^2, \quad 2^2, \quad \cdots, \quad (p-1)^2$$

を p で割った余りを考えると，0 が 1 つと，p 未満の自然数のうちの平方剰余が 2 つずつ並びます。よって，

$$G(1, p) = 1 + 2A$$

が成り立ちます。$A + B = -1$ を用いると，

$$G(1, p) = A - B$$

となります。

ガウスは，2 次のガウス周期 A, B が満たす 2 次方程式を見出しました。

> p を奇数の素数とする。このとき，A, B は 2 次方程式
>
> $$x^2 + x + \frac{1 - (-1)^{\frac{p-1}{2}} p}{4} = 0$$
>
> の解である。

この定理は，2 次の**ガウス周期の基本定理**とよばれており，『数論研究』の第 7 章に述べられています。

2 次のガウス周期の基本定理の意味を説明します。ガウス周期 A, B やガウス和 $G(1, p)$ は，p を具体的に定めれば，定義に沿って計算できます。

しかし，一般の p に対して値を求めるのは，とても難しい

問題です。2 次のガウス周期の基本定理における 2 次方程式を解の公式で解くと，解は

$$\frac{-1 \pm \sqrt{(-1)^{\frac{p-1}{2}}p}}{2}$$

となります。この 2 つの解のどちらか一方が A で，もう一方が B です。

$$G(1, p) = A - B$$

だから，

$$G(1, p) = \pm\sqrt{(-1)^{\frac{p-1}{2}}p}$$

となります。このように，2 次のガウス周期の基本定理より，ガウス和の値が符号を除いて求まります。ここで，両辺を 2 乗すると，

$$G(1, p)^2 = (-1)^{\frac{p-1}{2}}p$$

となります。ガウス和の平方は $\pm p$ であるというとても美しい公式が得られます。

　次に考えるべき問題は，

$$G(1, p) = \pm\sqrt{(-1)^{\frac{p-1}{2}}p}$$

の符号を決定することです。つまり，A, B が

$$\frac{-1 \pm \sqrt{(-1)^{\frac{p-1}{2}}p}}{2}$$

のいずれであるかを決定することです。前述のとおり，この問題はとても難しく，ガウスは 4 年近くの月日を費やしました。**ガウス和の符号決定問題**とよばれています。努力の結果，ガウスは

$$G(1, p) = \sqrt{(-1)^{\frac{p-1}{2}} p}$$

であることを得ました。前節の冒頭で，p を 4 で割った余り 1，3 に応じて，それぞれ

$$G(1, p) = \sqrt{p}, \quad \sqrt{p}\, i$$

となっているのは，この結果から来ています。

　以下，ガウス和による相互法則の証明と発表の経緯を説明します。

　ガウスは，2 次のガウス周期の基本定理を 1795–1796 年の冬学期に得ています。1819 年 1 月 6 日，友人のゲルリングに宛てた手紙に次のように書いています。

　　この発見の歴史に関しては予は従来何等公表したことはないが，今でも正確に記憶している。それは 1796 年 3 月 29 日であった [ガウス日記では 30 日，上出]。僥倖（ぎょうこう）はこの発見に少しも与（あずか）らない。方程式

$$\frac{x^p - 1}{x - 1} = 0$$

　　の根を二組に分けること，それから D.A.p.637 の下の方 [§356?] の美しい定理が出るのであるが，そ

れは既に前から予には分かっていた。日は記して置かなかったが，（1795–）1796 年の冬学期（ゲッチンゲンでの予の最初の学期）であった。

（[23] より）

「この発見」とは正 17 角形が作図可能であることの発見を指し，「D.A.」は『数論研究』を指します。「§356」は 2 次のガウス周期の基本定理が書かれた節です。

　ガウスは 1796 年 3 月 30 日，ガウス周期の計算を応用して，正 17 角形が作図できることを証明しています。1 の 17 乗根 $e^{\frac{2\pi}{17}i}$ が，有理数係数の 2 次方程式から始めて，得られた解の多項式を係数にもつような 2 次方程式を繰り返し解くことで得られます。

　ガウスは，1796 年 8 月 13 日の日記に

黄金定理の根拠を求めて，どのように深く探究の歩を進めていかなければならないかということを，わたしははっきりと認識した。そうしてわたしは，2 次方程式を越えた地点に出ることを試みることから始めて，この問題に取りかかる。つねに素数により（数値的に）割り切ることのできる式 $\sqrt[n]{1}$ の発見。

（[28] より）

と記しています。正確なことはわかりませんが，「2 次方程式を越えた地点に出ることを試みる」「$\sqrt[n]{1}$ の発見」とあることや，その後の研究から，円分体や有限体の拡大体を指すと考えられます。

ガウスは同じく 1796 年の 9 月 2 日，2 次のガウス周期の基本定理と有限体の拡大体の理論を用いると，平方剰余の相互法則が得られることを発見します。この証明が，第 7 証明です。

　有限体の拡大体とは，0, 1, $\cdots$, $p-1$ の p 個の数の世界を方程式 $x^{p^n} - x = 0$ が解けるように拡張した，四則演算をもつ数の世界です。

　第 7 証明は『数論研究』で発表される予定でしたが，前述したようにページ数の都合で実現しませんでした。論文として発表しなかった理由は定かではありませんが，第 3 証明を掲載した論文の序文において，第 7 証明を得ていること，そして，別の機会に公表する予定であることを述べています。

　ガウスは第 7 証明について，次のように書いています。

　　あまりにも異質の原理から導出された。（[27] より）

　有限体の拡大体は，ガロアが 1830 年に『数の理論について』で発表しています。ガウスは，ガロアより約 35 年先んじて発見していたことになります。

　2 次のガウス周期とガウス和は互いにいいかえられるので，第 7 証明をガウス和を用いて書き直すことができます。この証明が第 6 証明の前身になります。ガウス和 $G(1, p)$ の符号が決定されていないという課題も加わり，ガウスはこの証明の発表も保留しました。

　ガウスは，ガウス和の符号決定問題に取り組みます。1801 年には，ガウス和の符号を予想し，予想の下で平方剰余の相互法則が証明できることを見出していました。そして，4 年

がかりで符号決定問題を解決し，平方剰余の相互法則の証明を得ます。この証明が第 4 証明です。こんどは論文として発表しました。

ガウス和の符号決定問題が解決したのち，第 6 証明が発表されます。第 6 証明は，ガウス和の平方の値，有限体の拡大体の理論，円分体の理論にあたる内容を，整数係数の多項式の性質に翻訳して用いています。

円分体は，$x^5 = 1$ の解から作られる

$$a + be^{\frac{2\pi \cdot 1}{5}} + ce^{\frac{2\pi \cdot 2}{5}} + de^{\frac{2\pi \cdot 3}{5}} \quad (a, b, c, d \text{ は有理数})$$

のように，$x^n = 1$ の解から作られる，四則演算をもつ数の世界です。円分体の理論は，2 次のガウス周期を含んでいて，正 17 角形の作図にも用いられています。

有限体の拡大体の理論も円分体の理論も，当時はまだ確立されていなかったので，ガウスはこれらの理論を多項式の理論に翻訳して，初等的かつ厳密に第 6 証明を書いています。

第 3 証明の発表時，ガウスは第 7 証明の公表を約束していました。第 6 証明として発表するまで 9 年の月日が流れています。その理由については，論文の序文において，3 乗剰余，4 乗剰余の理論の研究のためと書いています。

ガウスは平方剰余の相互法則を一般化して，3 乗剰余，4 乗剰余の相互法則を目指していました。そのために，平方剰余の相互法則の別の証明を探求していました。3 乗剰余，4 乗剰余の相互法則の証明は，第 6 証明を発展させると得られます。そのことがわかったので，第 6 証明を公表したと考えられています。

2 次のガウス周期やガウス和の一連の研究における懸案事

項は，その過程ですべて解決しました。そのため，第7証明
そのものは発表しなかったと考えられています。

本章では，ガウス和以外の平方剰余の相互法則の証明を紹介します。まず，数学的帰納法による第1証明，2次形式による第2証明を解説します。続いてガウスの補題や，ガウスの補題による第3証明を解説します。

このようにいろいろな見方の証明があることは，平方剰余の相互法則が豊かな対象であることを意味しています。

9.1 ガウスの『数論研究』

本書ですでに何度も登場した『数論研究』は，1801年に出版されたガウスの著書です。同書において，平方剰余の相互法則の証明が初めて発表されました。

『数論研究』は7つの章と，条と名づけられた366個の短めの節からなる大著です。合同式，平方剰余の相互法則，2次形式論，正多角形の作図問題，ガウス周期と，ガウスの研究成果が幅広く収められており，驚くべき内容の豊かさを誇ります。そして，その書き方は厳密かつ体系的です。

各章のタイトルは次のようになっています。

> 第1章　数の合同
> 第2章　1次合同式
> 第3章　n 乗剰余

　1795 年 3 月，ガウスは平方剰余の相互法則の第 1 補充法則を証明し，帰納的考察から平方剰余の相互法則を発見しました。18 歳が間近でしたが，当時はまだ 17 歳で，ゲッチンゲン大学に進学する半年前のことです。

　ガウスは平方剰余の相互法則の証明に取りかかりますが，道のりは平坦ではありませんでした。約 1 年が経った 1796 年 4 月，ガウスはついに平方剰余の相互法則を証明します。この研究成果が，第 1 章から第 4 章に収録されています。

　1796 年は，ガウスが次々に研究成果を挙げた年です。3 月 30 日，19 歳になる直前に正 17 角形が作図可能であることを発見しました。第 7 章に収録されています。

　同年 6 月から，ガウスは 2 次形式論の研究に取りかかります。2 次形式の種の理論を研究し，それを応用して平方剰余の相互法則の別の証明を与えています。第 5 章に収録されています。

　『数論研究』の執筆もまた，この 1796 年に開始されたと思われます。ツィンマーマンに宛てた 2 通の手紙により，1797 年の終わり頃には原稿を仕上げつつあったことがわかっています。

　このような歴史的な著作が，20 歳前後の青年の手によって著されたことに驚かされます。費用の問題が発生し，予定していた第 8 章を削除したり，第 7 章を短くしたりするなど，

さまざまな事情で印刷に約4年を要し，1801年に出版されました。

『数論研究』は，ガウスの理解者であるブラウンシュバイクのフェルディナント公への献辞で始まります。フェルディナント公の理解と支援がなければ，ガウスは研究を続けることも，『数論研究』が世に出ることもなかった，と綴られています。

『数論研究』は多くの数学者に影響を与えます。ディリクレ（1805–1859），ヤコビ，デデキント（1831–1916），クンマー（1810–1893）等々，偉大な数学者たちが『数論研究』を読み，改良と一般化に努めました。

ラグランジュは，ガウスに宛てて次のように書いています。

　　あなたの『整数論考究』はあなたを第一流の数学者
　　の域に一歩近づけた。最後の部分の内容〔円周等分
　　の方程式の理論〕は久しくみられなかった，もっと
　　も美しい解析学的発見であると思う　　（[3] より）

『整数論考究』は，本書では『数論研究』と訳しています。
ラプラスは，次のように叫んだといわれています。

　　ブラウンシュヴァイク公爵は彼の国のなかに遊星以
　　上のものを発見した，人体に宿った超地上的な精神
　　だ！　　　　　　　　　　　　　　　（[3] より）

　一方，新しい発見が最初からわかりやすく説明されることは稀であり，ガウスの厳密で体系的な書き方もそれまでにな

いものでした。ルジャンドルは，1808 年に出版された『数論の試み』第 2 版の緒言で，次のように述べています。

> 私はこの『エッセイ』を，ガウス氏の著作を構成する数々のすばらしい素材を使って内容の豊かな書物にしたいと思った。しかしこの著者のもろもろの方法はあまりに特殊すぎるので，長々と伸びて行く迂回路がなければ，そうして翻訳者としての単純な役割に甘んじるのでなければ，ガウス氏の他のさまざまな発見を利用するのは不可能だったのである。
>
> （ [29] より）

　本の売れ行き自体はガウスが想像したよりもよかったのですが，販売の大部分を請け負ったパリの書店が破産したこともあり，『数論研究』は非常に早く絶版になります。ガウスの弟子たちも，手書きの写本を作って学んだといいます。
　ガウスは晩年，『数論研究』は誤植以外に修正点がないと述べ，

> ただ私がやりたいことは，それに第八章を付け加えることである。この章は基本的にはできあがっているが，当時本の印刷費がかさむのを心配して出版されなかっただけの話である　　（ [3] より）

と続けています。第 8 章となる予定であった高次剰余の理論は，ガウスの死後に発見，公表されます。
　この章では，『数論研究』に掲載された第 1 証明と第 2 証

明，そしてガウスの補題を用いた第3証明を紹介します。

9.2 第1証明

ガウスによる数学的帰納法を用いた平方剰余の相互法則の証明について説明します。1796年4月8日に証明され，第1証明とよばれています。

まず，どのように数学的帰納法が使われるかを説明します。ℓ を奇数の素数とし，次の命題☆を証明します。

> ☆：ℓ 未満のすべての相異なる2つの奇数の素数に対して平方剰余の相互法則が成り立つならば，ℓ 未満の任意の奇数の素数と ℓ の2つの素数に対して平方剰余の相互法則が成り立つ。

☆がいえれば，次のようにすべての相異なる奇数の素数に対して平方剰余の相互法則が成り立つことがいえます。

(1) 3と5に対して平方剰余の相互法則が成り立つことはわかっています。つまり，7未満のすべての相異なる奇数の素数に対して平方剰余の相互法則が成り立っています。

(2) したがって☆より，3と7，5と7に対して平方剰余の相互法則が成り立つことがわかります。これで，11未満のすべての相異なる奇数の素数に対して平方剰余の相互法則が成り立つことがわかります。

(3) ふたたび☆より，11未満の任意の奇数の素数と11に対して平方剰余の相互法則が成り立つことがわかります。これで，13未満の相異なる2つの奇数の素数に対して平方剰

余の相互法則が成り立つことがわかります。

　同様の議論を続けると，相互法則が成り立つような奇数の素数の範囲が順々に広がり，すべての相異なる2つの奇数の素数に対して平方剰余の相互法則が成り立つことがいえます。

　では，☆の命題，つまり，ℓ 未満のすべての相異なる2つの奇数の素数に対して平方剰余の相互法則が成り立つことを仮定して，ℓ 未満の任意の奇数の素数 p と ℓ に対して平方剰余の相互法則

$$\left(\frac{p}{\ell}\right)\left(\frac{\ell}{p}\right) = (-1)^{\frac{p-1}{2}\cdot\frac{\ell-1}{2}}$$

が成り立つことを示しましょう。

　ガウスは，p, ℓ が4で割って1余るか3余るか，そして，$\left(\dfrac{p}{\ell}\right)$ の値 ± 1 に応じて，8通りに場合分けをして，証明しています。

　ここでは，

$$\left(\frac{p}{\ell}\right) = 1, \quad \ell \text{ は4で割って3余る素数}$$

の場合の，☆の証明を紹介します。

　この場合，$\left(\dfrac{p}{\ell}\right) = 1$ であることと，$\dfrac{\ell-1}{2}$ が奇数であることから，p と ℓ に対する平方剰余の相互法則は

$$\left(\frac{\ell}{p}\right) = (-1)^{\frac{p-1}{2}}$$

となります。この式が，示すべき目標の式です。なお，平方
剰余の相互法則の第1補充法則は示されているものとします。

$p < \ell$ で，p が ℓ の平方剰余だから，平方剰余の定義より，

$$x^2 = \ell m + p \tag{9.1}$$

を満たす整数 x, m が存在します。ここで，x は ℓ 未満の自
然数としてかまいません。p は素数だから，$m = 0$ は起こら
ず，$p < \ell$ であることより，$m > 0$ となります。また，ℓ が
p と異なるので，x が p で割り切れることと m が p で割り
切れることは同値です。

$p < \ell$ だから，(9.1)式より，x^2 を ℓ で割った余りが p で
あることがわかります。このとき，

$$(\ell - x)^2 = \ell^2 - 2\ell x + x^2 = \ell(\ell - 2x) + x^2$$

なので，$(\ell - x)^2$ を ℓ で割った余りも p になります。

ℓ は奇数なので，x か $\ell - x$ の一方は奇数で，もう一方は
偶数です。x が奇数であれば，x を $\ell - x$ と取り替えること
により，x は偶数と仮定できます。

x が p で割り切れないとします。このとき，m は p で割
り切れません。

$m = 1$ とします。このとき，

$$x^2 = \ell + p$$

となります。$x^2 = p \cdot 1 + \ell$ だから，ℓ は p の平方剰余で
あり，

$$\left(\frac{\ell}{p}\right) = 1$$

です。

　一方，x は偶数なので，x^2 は 4 で割り切れます。ℓ は 4 で割って 3 余る素数だから，$x^2 = p + \ell$ より，p は 4 で割って 1 余る素数となります。したがって，

$$(-1)^{\frac{p-1}{2}} = 1$$

となるので，$m = 1$ のとき，目標の式

$$\left(\frac{\ell}{p}\right) = (-1)^{\frac{p-1}{2}}$$

が成り立ちます。

　$m > 1$ とします。まず，$\left(\dfrac{m}{p}\right)$ の値を求めます。x^2 が偶数，p が奇数なので，(9.1)式より ℓm は奇数です。したがって，m は奇数となり，m の素因数 r はすべて奇数の素数です。また，m が p で割り切れないので，r は p と異なります。

　したがって，(9.1)式より，p が m の素因数 r の平方剰余になります。

$$\left(\frac{p}{r}\right) = 1$$

です。$x < \ell$ より $x^2 < \ell^2$ となり，(9.1)式より $m < \ell$ となります。$p < \ell$，$r \leqq m < \ell$ だから，帰納法の仮定より，p

と r の相互法則

$$\left(\frac{p}{r}\right)\left(\frac{r}{p}\right) = (-1)^{\frac{p-1}{2}\cdot\frac{r-1}{2}}$$

が成り立ちます。$\left(\dfrac{p}{r}\right) = 1$ より,

$$\left(\frac{r}{p}\right) = (-1)^{\frac{p-1}{2}\cdot\frac{r-1}{2}}$$

が成り立ちます。

　続いて,$(-1)^{\frac{p-1}{2}\cdot\frac{r-1}{2}}$ が 1 か -1 かを見るために,p を 4 で割った余りで場合分けをします。

　p を 4 で割って 1 余る素数とします。このとき,$(-1)^{\frac{p-1}{2}\cdot\frac{r-1}{2}} = 1$ だから,m のすべての素因数 r に対して

$$\left(\frac{r}{p}\right) = 1$$

が成り立ち,積の法則から

$$\left(\frac{m}{p}\right) = 1$$

となります。

　p を 4 で割って 3 余る素数とします。m の素因数 r が 4 で割って 3 余る素数なら,$\dfrac{p-1}{2}$ と $\dfrac{r-1}{2}$ はどちらも奇数だから,$\left(\dfrac{r}{p}\right) = (-1)^{\frac{p-1}{2}\cdot\frac{r-1}{2}}$ より,

$$\left(\frac{r}{p}\right) = -1$$

となります。

そして，x^2 は 4 で割り切れるので，(9.1)式より，ℓm は 4 で割って 1 余ります。ℓ は 4 で割って 3 余る素数であることより，m は 4 で割って 3 余る自然数になります。したがって，m の素因数 r のうち，4 で割って 3 余る素数が奇数個になります。なぜなら，4 で割って 3 余る素数が偶数個なら，m は 4 で割って 1 余るからです。よって，積の法則から

$$\left(\frac{m}{p}\right) = -1$$

が成り立ちます。

以上より，p が 4 で割って 1 余る素数のとき，

$$\left(\frac{m}{p}\right) = 1$$

p が 4 で割って 3 余る素数のとき，

$$\left(\frac{m}{p}\right) = -1$$

であることが得られました。以上をまとめると，

$$\left(\frac{m}{p}\right) = (-1)^{\frac{p-1}{2}}$$

となります。

このことから，$m > 1$ の場合に，目標の式である

$\left(\dfrac{\ell}{p} \right) = (-1)^{\frac{p-1}{2}}$ が成り立つことを示します。(9.1)式と，

ルジャンドルの記号の余りの法則より，

$$\left(\frac{\ell m}{p} \right) = \left(\frac{x^2 - p}{p} \right) = \left(\frac{x}{p} \right)^2 = 1$$

が成り立ち，積の法則より

$$\left(\frac{\ell}{p} \right) \left(\frac{m}{p} \right) = 1$$

となって，

$$\left(\frac{\ell}{p} \right) = \left(\frac{m}{p} \right)$$

となります。

$$\left(\frac{m}{p} \right) = (-1)^{\frac{p-1}{2}}$$

なので，

$$\left(\frac{\ell}{p} \right) = (-1)^{\frac{p-1}{2}}$$

であることがわかります。

これで，x が p で割り切れないときの証明ができました。

x が p で割り切れるときは，p が m を割り切ります。

$x = py$, $m = pn$ とおいて，(9.1)式より，

$$py^2 = \ell n + 1 \tag{9.2}$$

が成り立ちます。

この式を使って，x が p で割り切れないときと同様の議論で

$$\left(\frac{\ell}{p}\right) = (-1)^{\frac{p-1}{2}}$$

を証明することができます。

9.3 第 2 証明

ガウスによる 2 次形式の種の理論を用いた平方剰余の相互法則の証明について説明します。1796 年 6 月 27 日に証明され，第 2 証明とよばれています。ガウスの日記には，次のように記されています。

黄金定理の新しい証明は以前のものとはまったく異なっているが，決して美しさが足りないということはない。　　　　　　　　　　　　　　　（ [28] より）

ガウスは 2 次形式が表す数に着目し，平方剰余の相互法則の背後にひそんでいる数学の理論を見出します。

一般に種の理論とよばれるガウスの 2 次形式の理論を説明することは本書のレベルを超えるので，平方剰余の相互法則の証明に関係する最小限の事柄を紹介します。

$$D = b^2 - 4ac$$

を，2 次形式

$$ax^2 + bxy + cy^2$$

の判別式とよびます。

　判別式は，式の形から 4 で割り切れるか，4 で割って 1 余る数であることがわかります。したがって，素数 p が判別式のとき，p は 4 で割って 1 余る素数です。

　種の理論を用いると何がわかるのかを，判別式 p の 2 次形式の場合を例に説明します。

　判別式 p の 2 次形式 $ax^2 + bxy + cy^2$ が，p と互いに素な奇数 n を表したとします。ここで x^2 の係数 a は，p と互いに素な奇数とします。このとき，

$$ax^2 + bxy + cy^2 = n$$

の両辺を $4a$ 倍して，

$$4a^2x^2 + 4abxy + 4acy^2 = 4an$$

となり，

$$4a^2x^2 + 4abxy + b^2y^2 - (b^2 - 4ac)y^2 = 4an$$

となります。

$$4a^2x^2 + 4abxy + b^2y^2 = (2ax + by)^2, \quad b^2 - 4ac = p$$

だから，

$$(2ax + by)^2 = py^2 + 4an$$

が得られます。よって，平方剰余の定義より，

$$\left(\frac{4an}{p}\right) = 1$$

が成り立ちます。積の法則より，

$$\left(\frac{4an}{p}\right) = \left(\frac{2}{p}\right)^2 \left(\frac{a}{p}\right) \left(\frac{n}{p}\right) = \left(\frac{a}{p}\right) \left(\frac{n}{p}\right) = 1$$

となるので，

$$\left(\frac{n}{p}\right) = \left(\frac{a}{p}\right)$$

となります。すなわち，判別式 p の 2 次形式の表す奇数 n が p の平方剰余かどうかは，n の値によらず一定になります。右辺の値は ± 1 の 2 通りの可能性がありますが，じつは $+1$ になるというのが種の理論です。

つまり，判別式 p の 2 次形式の表す数のうち，p と互いに素な奇数 n は，

$$\left(\frac{n}{p}\right) = 1 \tag{9.3}$$

を満たします。

たとえば，

$$x^2 + xy - y^2$$

の判別式は

$$D = 1^2 - 4 \cdot 1 \cdot (-1) = 5$$

です。この2次形式の表す数を互いに素である小さい $x,\ y$ の値について計算すると，次の表のようになります。

$x \setminus y$	1	2	3	4
1	1	-1	-5	-11
2	5	$-$	1	$-$
3	11	11	$-$	5
4	19	$-$	19	$-$

　2次形式の表す数 n のうち，表に現れている数の中で，5 と互いに素な奇数は，

$$\pm 1, \quad \pm 11, \quad 19$$

です。いずれの数も，5で割ると1または4余ります。1と4は5の平方剰余だったので，確かに，

$$\left(\frac{n}{5} \right) = 1$$

を満たします。

　p と q が4で割って1余る素数の場合について，平方剰余の相互法則を証明しましょう。$(-1)^{\frac{p-1}{2} \cdot \frac{q-1}{2}} = 1$ なので，証明すべき平方剰余の相互法則は

$$\left(\frac{q}{p} \right) = \left(\frac{p}{q} \right)$$

となります。この式が成り立つことは，次のように導かれます。

まず，

$$\left(\frac{p}{q}\right) = 1 \quad \Longrightarrow \quad \left(\frac{q}{p}\right) = 1$$

を示します。仮定より，p が q の平方剰余だから，

$$r^2 = qs + p$$

を満たす整数 r, s が存在します。必要に応じて，r を $q - r$ と取り替えることにより，r は奇数と仮定できます。このとき，p も r^2 も 4 で割って 1 余るので，$p - r^2 = -qs$ と変形すると，左辺は 4 で割り切れ，右辺の s が $s = 4t$ とおけます。このとき，

$$p = r^2 - 4qt$$

となります。したがって，判別式 p の 2 次形式

$$qx^2 + rxy + ty^2$$

が得られます。この 2 次形式は，

$$q \cdot 1^2 + r \cdot 1 \cdot 0 + t \cdot 0^2 = q$$

により，q を表すので，(9.3)式より

$$\left(\frac{q}{p}\right) = 1$$

となります。

p と q の役割を入れ替えて，

$$\left(\frac{q}{p}\right) = 1 \quad \Longrightarrow \quad \left(\frac{p}{q}\right) = 1$$

も同様に示されます。したがって，

$$\left(\frac{p}{q}\right) = 1 \quad \Longleftrightarrow \quad \left(\frac{q}{p}\right) = 1$$

が成り立ちます。これらのルジャンドルの記号の値は ± 1 の2 通りだから，

$$\left(\frac{p}{q}\right) = \left(\frac{q}{p}\right)$$

であることがわかります。

9.4　ガウスの補題

　ガウスの補題を用いた平方剰余の相互法則の証明について説明します。ガウスによる証明のうち，1808 年に発表された第 3 証明と 1818 年に発表された第 5 証明が，ガウスの補題を用いています。なお，補題とは主定理の証明を補助する命題を表します。

　第 3 証明を発表した論文の序文には，次のような説明があります。

　　私は，これまでのところでは**天然自然**の証明は欠如
　　していたと明言するのをためらわない。これから説

明する証明は最近になって発見することに成功した
のだが，その証明に自然な証明という名前を与える
だけの値打ちがあるのかどうか，諸事情によく通じ
ている人々は判断してほしい。　　　　（[27] より）

　ガウスの補題を用いた証明は，ディリクレ，アイゼンシュ
タイン（1823–1852），高木貞治（1875–1960）等の数学者
によって，よりわかりやすい証明が得られています。本書で
は，ガウスの補題を用いたアイゼンシュタインによる証明を
紹介します。本節と 9.5 節が準備で，9.6 節が証明です。
　ガウスの補題は次のように表されます。

　　p を奇数の素数とし，a を p で割り切れない整数と
　　する。

$$2 \cdot a, \quad 4 \cdot a, \quad 6 \cdot a, \quad \cdots, \quad (p-1) \cdot a$$

　　を p で割るとき，余りが奇数になる数の個数を t と
　　おく。このとき，

$$\left(\frac{a}{p} \right) = (-1)^t$$

　　となる。

　$p = 7$ として，ガウスの補題を確かめてみましょう。1, 2, 4
が 7 の平方剰余であり，3, 5, 6 が平方非剰余です。$a = 2$
とします。

$$2 \cdot 2, \quad 4 \cdot 2, \quad 6 \cdot 2$$

を 7 で割ると，余りが

$$4, \quad 1, \quad 5$$

となり，奇数になるのは 1 と 5 の 2 つです。$t = 2$ となるので，

$$(-1)^t = (-1)^2 = 1$$

です。一方，2 は 7 の平方剰余であり，

$$\left(\frac{2}{7} \right) = 1$$

です。確かに，

$$\left(\frac{a}{p} \right) = (-1)^t$$

が成り立っています。

　$a = 3$ とします。

$$2 \cdot 3, \quad 4 \cdot 3, \quad 6 \cdot 3$$

を 7 で割ると，余りが

$$6, \quad 5, \quad 4$$

となり，奇数は 5 の 1 つです。$t = 1$ となるので，

$$(-1)^t = (-1)^1 = -1$$

です。一方，3 は 7 の平方非剰余であり，

$$\left(\frac{3}{7}\right) = -1$$

です。確かに，

$$\left(\frac{a}{p}\right) = (-1)^t$$

が成り立っています。

　このようにガウスの補題を用いると，t の値からルジャンドルの記号 $\left(\dfrac{a}{p}\right)$ の値を計算できます。

　$p = 7$ として，ガウスの補題が成り立つ理由を説明しましょう。

$$2 \cdot a, \quad 4 \cdot a, \quad 6 \cdot a$$

を 7 で割った余りを調べます。

　計算結果を表にすると，次のようになります。

a	$2 \cdot a$	$4 \cdot a$	$6 \cdot a$
1	2	4	6
2	4	1	5
3	6	5	4
4	1	2	3
5	3	6	2
6	5	3	1

余りが奇数の欄は，$p = 7$ を引いて負の偶数になるようにします。すると，次のようになります。

a	$2 \cdot a$	$4 \cdot a$	$6 \cdot a$
1	2	4	6
2	4	-6	-2
3	6	-2	4
4	-6	2	-4
5	-4	6	2
6	-2	-4	-6

　絶対値に着目すると，どの行も 2, 4, 6 が並びます。それぞれの行において，負の偶数の個数が，最初の表における余りが正の奇数になる個数 t です。つまり，

$$(2 \cdot a)(4 \cdot a)(6 \cdot a) \equiv (-1)^t \cdot 2 \cdot 4 \cdot 6 \pmod 7$$

が成り立ちます。$2 \cdot 4 \cdot 6$ で両辺を割ると，

$$a^3 \equiv (-1)^t \pmod 7$$

となります。ルジャンドルの記号の定義より，

$$a^3 \equiv \left(\frac{a}{7} \right) \pmod 7$$

だから，

$$\left(\frac{a}{7} \right) \equiv (-1)^t \pmod 7$$

となります。

さらに，$\left(\dfrac{a}{7}\right) = \pm 1$，$(-1)^t = \pm 1$ だから，

$$\left(\frac{a}{7}\right) = (-1)^t$$

が成り立ちます。

　ガウスの補題は，

$$1 \cdot a, \quad 2 \cdot a, \quad 3 \cdot a, \quad \cdots, \quad \frac{p-1}{2} \cdot a$$

を p で割るとき，余りが $\dfrac{p-1}{2}$ より大きい数の個数を t とおいた形で紹介されることが多いのですが，本書ではアイゼンシュタインが証明に用いているガウスの補題を採用しました。

9.5　ガウスが初めて用いた記号

　x を実数とし，$[x]$ を x 以下の最大の整数とします。

$$[2] = 2, \qquad [3.5] = 3, \qquad [4.7] = 4$$

等となります。x が負の数のときは，

$$[-2] = -2, \qquad [-3.5] = -4, \qquad [-4.7] = -5$$

等となります。

　$[x]$ を**ガウスの記号**といいます。平方剰余の相互法則の第3証明で，ガウスが初めて用いた記号です。

　上の計算例において，

$$[-2] = -[2], \quad [-3.5] = -1-[3.5], \quad [-4.7] = -1-[4.7]$$

となっています。つまり，x が自然数のとき，

$$[-x] = -[x]$$

であり，x が自然数でない正の実数のとき，

$$[-x] = -1 - [x]$$

となります。したがって，整数 a と自然数でない正の実数 x に対して，

$$[a - x] = [a + (-x)] = a + [-x] = a - 1 - [x] \quad (9.4)$$

となります。

次の公式は，ガウスの記号の計算でルジャンドルの記号の値がわかる，という公式です。次節では，この公式を相互法則の証明に用います。

a を p で割り切れない奇数とするとき，

$$m = \left[\frac{1 \cdot a}{p}\right] + \left[\frac{2 \cdot a}{p}\right] + \left[\frac{3 \cdot a}{p}\right] + \cdots + \left[\frac{\frac{p-1}{2} \cdot a}{p}\right]$$

とおくと，

$$\left(\frac{a}{p}\right) = (-1)^m$$

が成り立つ。

$p = 7$ として，この公式を確かめてみましょう。7 については，1, 2, 4 が平方剰余で，3, 5, 6 が平方非剰余でした。
　$a = 3$ とすると，

$$\frac{1 \cdot 3}{7} = 0.4\cdots, \quad \frac{2 \cdot 3}{7} = 0.8\cdots, \quad \frac{3 \cdot 3}{7} = 1.2\cdots$$

のガウスの記号の値は，それぞれ

$$0, \quad 0, \quad 1$$

となります。

$$m = \left[\frac{1 \cdot 3}{7}\right] + \left[\frac{2 \cdot 3}{7}\right] + \left[\frac{3 \cdot 3}{7}\right] = 0 + 0 + 1 = 1$$

となるので，

$$(-1)^m = (-1)^1 = -1$$

です。一方，3 は 7 の平方非剰余であり，

$$\left(\frac{3}{7}\right) = -1$$

です。確かに，

$$\left(\frac{a}{p}\right) = (-1)^m$$

が成り立っています。
　$a = -5$ とすると，

$$\frac{1 \cdot (-5)}{7} = -0.7\cdots, \quad \frac{2 \cdot (-5)}{7} = -1.4\cdots,$$

$$\frac{3 \cdot (-5)}{7} = -2.1\cdots$$

のガウスの記号の値は,

$$-1, \quad -2, \quad -3$$

となります。

$$m = \left[\frac{1 \cdot (-5)}{7}\right] + \left[\frac{2 \cdot (-5)}{7}\right] + \left[\frac{3 \cdot (-5)}{7}\right]$$

$$= -1 - 2 - 3 = -6$$

となるので,

$$(-1)^m = (-1)^{-6} = 1$$

となります。一方,

$$3^2 = 7 \times 2 - 5$$

だから, -5 も 7 の平方剰余であり,

$$\left(\frac{-5}{7}\right) = 1$$

です。確かに,

$$\left(\frac{a}{p}\right) = (-1)^m$$

が成り立っています。

このように，m の値からルジャンドルの記号 $\left(\dfrac{a}{p}\right)$ の値が計算できます。

以下，

$$\left(\frac{a}{p}\right) = (-1)^m$$

の証明の流れを，例を用いて説明します。ガウスの補題とガウスの記号の性質を用いて，

$$m \equiv t \pmod 2$$

が成り立つことを示します。これは，m と t の偶奇が同じであることを意味します。このことから，

$$(-1)^m = (-1)^t$$

となり，ガウスの補題

$$\left(\frac{a}{p}\right) = (-1)^t$$

より，

$$\left(\frac{a}{p}\right) = (-1)^m$$

がいえます。

それでは，

$$m \equiv t \pmod 2$$

の証明の流れを，$p = 7$ として説明しましょう。

$p = 7$ のとき，$\dfrac{p-1}{2} = \dfrac{7-1}{2} = 3$ だから，

$$m = \left[\frac{1 \cdot a}{7}\right] + \left[\frac{2 \cdot a}{7}\right] + \left[\frac{3 \cdot a}{7}\right]$$

です。ここで，

$$\left[\frac{4 \cdot a}{7}\right] \equiv \left[\frac{3 \cdot a}{7}\right] \pmod 2$$

が成り立ちます。なぜなら，$4 = 7 - 3$ だから，

$$\frac{4 \cdot a}{7} = \frac{(7-3) \cdot a}{7} = a - \frac{3 \cdot a}{7}$$

です。a は $p = 7$ で割り切れない奇数だったので，$\dfrac{3 \cdot a}{7}$ は整数ではなく，負の実数のガウスの記号の性質（9.4）より，

$$\left[\frac{4 \cdot a}{7}\right] = \left[a - \frac{3 \cdot a}{7}\right] = a - 1 - \left[\frac{3 \cdot a}{7}\right]$$

となります。a が奇数だから，$a - 1$ は偶数なので，

$$\left[\frac{4 \cdot a}{7}\right] \equiv -\left[\frac{3 \cdot a}{7}\right] \pmod 2$$

です。さらに，-1 倍で偶奇は変わらないので，

$$\left[\frac{4 \cdot a}{7}\right] \equiv \left[\frac{3 \cdot a}{7}\right] \pmod 2$$

となります。

同様にして，

$$\left[\frac{6 \cdot a}{7}\right] \equiv \left[\frac{1 \cdot a}{7}\right] \pmod 2$$

も示されます。したがって，

$$\left[\frac{2 \cdot a}{p}\right] + \left[\frac{4 \cdot a}{p}\right] + \left[\frac{6 \cdot a}{p}\right] \equiv m \pmod 2$$

が成り立ちます。

次に，

$$2 \cdot a, \quad 4 \cdot a, \quad 6 \cdot a$$

を 7 で割ると，商がそれぞれ，

$$\left[\frac{2 \cdot a}{7}\right], \quad \left[\frac{4 \cdot a}{7}\right], \quad \left[\frac{6 \cdot a}{7}\right]$$

となるので，余りをそれぞれ，r_2, r_4, r_6 とすると，

$$2 \cdot a = 7 \cdot \left[\frac{2 \cdot a}{7}\right] + r_2$$

$$4 \cdot a = 7 \cdot \left[\frac{4 \cdot a}{7}\right] + r_4$$

$$6 \cdot a = 7 \cdot \left[\frac{6 \cdot a}{7}\right] + r_6$$

となります。上の 3 つの式を足すと，左辺が偶数で，7 が奇数だから，$7 \equiv 1 \pmod 2$ より

$$0 \equiv \left[\frac{2 \cdot a}{7}\right] + \left[\frac{4 \cdot a}{7}\right] + \left[\frac{6 \cdot a}{7}\right] + (r_2 + r_4 + r_6) \pmod 2$$

が成り立ちます.

$$\left[\frac{2 \cdot a}{p}\right] + \left[\frac{4 \cdot a}{p}\right] + \left[\frac{6 \cdot a}{p}\right] \equiv m \pmod 2$$

より,

$$0 \equiv m + (r_2 + r_4 + r_6) \pmod 2$$

つまり,

$$m \equiv r_2 + r_4 + r_6 \pmod 2$$

が成り立ちます.

　一般に, r が偶数のとき, $r \equiv 0 \pmod 2$ であり, r が奇数のとき, $r \equiv 1 \pmod 2$ だから, r_2, r_4, r_6 のうち奇数の個数が t であることより,

$$t \equiv r_2 + r_4 + r_6 \pmod 2$$

です. よって,

$$m \equiv t \pmod 2$$

が成り立ちます.

9.6　格子点による証明

前節で説明した公式

$$\left(\frac{a}{p}\right) = (-1)^m$$

を用いて，平方剰余の相互法則

$$\left(\frac{p}{q}\right)\left(\frac{q}{p}\right) = (-1)^{\frac{p-1}{2}\cdot\frac{q-1}{2}}$$

を証明します。座標が整数である点を「格子点」といいますが，その格子点を使った証明で，アイゼンシュタインによるものです。

座標平面上に，4 点

$$\mathrm{O}(0,\ 0), \quad \mathrm{A}\left(\frac{p}{2},\ 0\right), \quad \mathrm{B}\left(\frac{p}{2},\ \frac{q}{2}\right), \quad \mathrm{C}\left(0,\ \frac{q}{2}\right)$$

を頂点とする長方形 OABC を考えます。そして，この長方形の内部（周上を含まない）の格子点の個数を数えます。

まず，この格子点の個数が，

$$\frac{p-1}{2}\cdot\frac{q-1}{2}$$

であることがわかります。

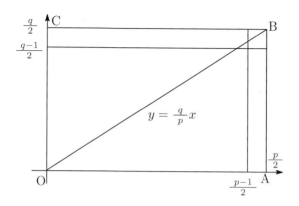

　長方形 OABC の内部の格子点の個数を，別の見方で数えます。直線（対角線）OB の方程式は，

$$y = \frac{q}{p}x$$

です。$x = 1,\ 2,\ \cdots,\ \dfrac{p-1}{2}$ のとき，y は整数ではないので，長方形 OABC の内部では，直線 $y = \dfrac{q}{p}x$ 上に格子点はありません。点 $\left(k,\ \dfrac{qk}{p}\right)$ は対角線 OB 上にあるので，直線 $x = k$ 上で対角線 OB より下にある格子点の個数は，

$$\left[\frac{kq}{p}\right]$$

です。

　したがって，対角線 OB の下にある格子点の個数を u とすると，

$$u = \left[\frac{q}{p}\right] + \left[\frac{2q}{p}\right] + \left[\frac{3q}{p}\right] + \cdots + \left[\frac{(\frac{p-1}{2})q}{p}\right]$$

となります。同じように，直線 $y = k$ 上で対角線 OB の左にある格子点の個数を v とすると，

$$v = \left[\frac{p}{q}\right] + \left[\frac{2p}{q}\right] + \left[\frac{3p}{q}\right] + \cdots + \left[\frac{(\frac{q-1}{2})p}{q}\right]$$

となるので，長方形 OABC の内部の格子点の個数は，

$$u + v$$

であることがわかります。したがって，

$$u + v = \frac{p-1}{2} \cdot \frac{q-1}{2}$$

が成り立ち，これより，

$$(-1)^{u+v} = (-1)^{\frac{p-1}{2} \cdot \frac{q-1}{2}}$$

となります。

　前節で見たように，

$$\left(\frac{q}{p}\right) = (-1)^u, \quad \left(\frac{p}{q}\right) = (-1)^v$$

が成り立ちます。これより，

$$\left(\frac{p}{q}\right)\left(\frac{q}{p}\right) = (-1)^u(-1)^v = (-1)^{u+v} = (-1)^{\frac{p-1}{2} \cdot \frac{q-1}{2}}$$

となって，平方剰余の相互法則が示されました。

　ガウスが黄金定理とよんだ平方剰余の相互法則についての解説は，本章までで終わります。黄金定理がどのような定理であるか，黄金定理にいたる数論の歴史，黄金定理の証明と解説を進めてきました。

「はじめに」で書いたように，黄金定理のすばらしさを一読してわかってもらうことは難しいかもしれません。しかし，黄金定理の深さを感じとってもらうことはできたのではないでしょうか。

　また，黄金定理の発見・探究の背景には，ディオファントスやフェルマー，オイラー，ラグランジュ，ルジャンドルといった数学者たちの努力の積み重ねの歴史があること，そして，7つもの証明を与えたガウスの偉大さもわかってもらえたことと思います。

　黄金定理の証明はどの証明も簡単ではありません。しかし，まったく異なるいくつもの証明があることから，黄金定理の豊かさを感じとってもらえればと思います。

　本書の締めくくりとなる第10章では，黄金定理以後の数学の発展について紹介します。詳しい話はできませんが，黄金定理が，それに続く豊かな数論の発展のもとになっていることを，読者のみなさんにぜひ知っていただきたいと思っています。

前章までに見てきたように，ガウスは7通りもの相互法則の証明を考えました。何がガウスをそこまで駆り立てたのでしょうか。

より自然な証明を求めると同時に，平方剰余の相互法則を3乗剰余，4乗剰余と，より高次の相互法則に一般化できる証明を得ることが目的にあったといわれています。そして，ガウスの努力は今までになかった新しい数学の大河へと流れていくことになります。

この章では，4乗剰余とはどのようなものか，そして4乗剰余の世界にどのような法則が存在しているのかを解説し，その後の数論の発展についても簡単に紹介します。

10.1 4乗剰余

> 4乗剰余とは何でしょう。

平方剰余は簡単にいうと，平方数を素数 p で割った余りのことでした。同じように，4乗数を p で割った余りのことを p の **4乗剰余** といいます。式を使って正確に書くと，p で割り切れない整数 a に対して，

$$x^4 = pn + a$$

となる整数 x と n が存在するとき，a は p の4乗剰余であ

るといいます。

　p の 4 乗剰余を調べてみましょう。p 未満の自然数 x について見れば十分です。

　$p = 3$ のとき，

$$1^4, \quad 2^4$$

を 3 で割った余りは

$$1, \quad 1$$

だから，1 は 3 の 4 乗剰余であり，2 は 3 の 4 乗剰余ではありません。

　$p = 5$ のとき，

$$1^4, \quad 2^4, \quad 3^4, \quad 4^4$$

を 5 で割った余りは

$$1, \quad 1, \quad 1, \quad 1$$

だから，1 は 5 の 4 乗剰余，2, 3, 4 は 5 の 4 乗剰余ではありません。

　ここですでに，4 乗剰余と平方剰余の違いが現れています。平方剰余と平方非剰余は半分ずつで，両者の個数は同じでした。しかし，4 乗剰余はそのようになっていないようです。

　4 乗数は平方数だから，4 乗数を p で割った余りは平方数を p で割った余りになります。つまり，4 乗剰余は平方剰余です。そして，じつは，p が 4 で割って 1 余る素数のとき，平方剰余の半分が 4 乗剰余になります。p 未満の自然数の半分が平方剰余だったので，p 未満の自然数の 4 分の 1 が 4 乗

剰余です。

　理由は省略しますが，p が 4 で割って 3 余る素数のとき，平方剰余のすべてが 4 乗剰余になります。p 未満の自然数のうち，半分が 4 乗剰余です。

　p が 4 で割って 1 余る素数のときを考えます。

　$p = 5$ のとき，上で見たように，1 が 5 の 4 乗剰余で，2, 3, 4 が 4 乗剰余ではありませんでした。5 未満の自然数の 4 分の 1 が，4 乗剰余になっています。

　$p = 13$ のとき，1, 3, 4, 9, 10, 12 が平方剰余です。

$$1^4, \quad 2^4, \quad 3^4, \quad 4^4, \quad 5^4, \quad 6^4,$$
$$7^4, \quad 8^4, \quad 9^4, \quad 10^4, \quad 11^4, \quad 12^4$$

を 13 で割った余りは

$$1, \quad 3, \quad 3, \quad 9, \quad 1, \quad 9,$$
$$9, \quad 1, \quad 9, \quad 3, \quad 3, \quad 1$$

だから，平方剰余のうち半分の 1, 3, 9 は 13 の 4 乗剰余，4, 10, 12 は 13 の 4 乗剰余ではありません。13 未満の自然数の 4 分の 1 が，13 の 4 乗剰余です。

　p が 4 で割って 3 余る素数のときを考えます。

　$p = 3$ のとき，1 が 3 の 4 乗剰余で，2 は 4 乗剰余ではありませんでした。3 未満の自然数のうち，半分が 4 乗剰余になっています。

　$p = 7$ のとき，1, 2, 4 が平方剰余です。

$$1^4, \quad 2^4, \quad 3^4, \quad 4^4, \quad 5^4, \quad 6^4$$

を 7 で割った余りは

$$1, \quad 2, \quad 4, \quad 4, \quad 2, \quad 1$$

だから，7 の平方剰余 1, 2, 4 は，すべて 7 の 4 乗剰余です。7 未満の自然数の半分が 4 乗剰余です。

> **4 乗剰余の法則は，どのようになっているのでしょうか。**

p が 4 で割って 3 余るときは，4 乗剰余は平方剰余と同じです。したがって，p が 4 で割って 1 余るときが問題です。以下，p は 4 で割って 1 余る素数であると仮定します。

ガウスは 1805 年頃から，本格的に 4 乗剰余の法則を調べはじめます。

p の平方剰余の法則を振り返ると，たとえば，2 が p の平方剰余となる p の法則は，$p \equiv 1, 7 \pmod{8}$ のように合同式で表現できました。しかし，4 乗剰余の法則は平方剰余の法則とは異なり，p をこのような合同式だけでは表せません。

ガウスは 4 乗剰余の第一論文の冒頭で，次のように書いています。

> われわれはすぐに，これまでに用いられていたアリトメチカの諸原理は一般理論を確立するためには決して十分ではなく，高等的アリトメチカの領域をほとんど無限に拡大することが必然的に要請されるという一事を認識するにいたった。　（[27] より）

p を 4 で割って 1 余る素数とするとき，平方和定理より，素数 p が

$$p = a^2 + b^2$$

と，平方数の和で表せることに，ガウスは着目します。このとき，a が奇数，b が偶数と仮定してもかまいません。ガウスはこの p の分解を用いると，4 乗剰余の法則が説明できることを発見します。

たとえば，b が 8 で割り切れるとき，2 が 4 乗剰余であり，b が 8 で割り切れないとき，2 が 4 乗剰余でないことを示しました。つまり，

2 が p の 4 乗剰余　⟺　b が 8 で割り切れる

が成り立ちます。

例として，$p = 89 = 5^2 + 8^2$ の場合を考えましょう。$b = 8$ なので，b は 8 で割り切れます。そしてこのとき，

$$5^4 = 625 = 89 \cdot 7 + 2$$

となり，2 は 89 の 4 乗剰余です。

ガウスは，2 以外の数についても，4 乗剰余の法則を示しています。

−1 が p の 4 乗剰余　⟺　p が 8 で割ると 1 余る素数

−3 が p の 4 乗剰余　⟺　b が 3 で割り切れる

5 が p の 4 乗剰余　⟺　b が 5 で割り切れる

−7 が p の 4 乗剰余　⟺　ab が 7 で割り切れる

　ガウスは，4 乗剰余の世界を明らかにするためには，ふつうの整数の範囲で考えていたのでは見通しが悪く，もっと広い数の世界の中で考えなければならないことを悟ります。その広い数の世界の一つが，ガウス整数とよばれている数の世界です。ガウス整数について，次節で解説します。

　ガウスは 4 乗剰余の相互法則を見出しましたが，4 乗剰余の相互法則の命題のみを発表し，証明は発表しませんでした。遺稿の中から，証明に関するメモが見つかっています。

10.2　ガウス整数

> ガウス整数とは，どのような数でしょうか。

　平方和定理より，4 で割って 1 余る素数は平方数の和で表されることがわかります。たとえば，

$$5 = 1^2 + 2^2$$
$$13 = 3^2 + 2^2$$
$$17 = 1^2 + 4^2$$

となります。複素数を用いると，$i^2 = -1$ だから，

$$a^2 + b^2 = a^2 - b^2 i^2 = (a + bi)(a - bi)$$

と因数分解できます。したがって，平方数の和は複素数の積で表されます。

$$2 = 1^2 + 1^2 = (1 + i)(1 - i)$$
$$5 = 1^2 + 2^2 = (1 + 2i)(1 - 2i)$$

$$13 = 3^2 + 2^2 = (3 + 2i)(3 - 2i)$$

$$17 = 1^2 + 4^2 = (1 + 4i)(1 - 4i)$$

となります。

　1 と自分自身しか約数をもたないはずの素数が，2 つの数の積に分解しているように見えます。そこで，この分解に数論的な意味を与えます。これらの式に現れた

$$a + bi \quad （a,\ b は整数）$$

の形の数を**ガウス整数**といいます。整数と名づけられているのは，ふつうの整数と同じ性質をもっているからです。

　ガウス整数でも，ふつうの整数と同じように足し算，引き算，かけ算ができます。そして，約数や倍数，素数も考えられます。合同式も定義できます。

　まず，1 の約数は，ガウス整数の世界では

$$\pm 1, \quad \pm i$$

になります。

$$1 = 1 \cdot 1, \quad 1 = (-1) \cdot (-1), \quad 1 = i \cdot (-i)$$

が成り立つからです。このような 1 の約数のことを**単数**とよびます。約数が単数と自分自身の単数倍のみであるガウス整数を，**ガウス素数**とよびます。上の分解で現れた数，

$$1 + i, \quad 1 \pm 2i, \quad 3 \pm 2i, \quad 1 \pm 4i$$

はガウス素数です。$1 - i$ もガウス素数ですが，

$$1 - i = -i(1 + i)$$

となり，$1 + i$ の単数倍になっています。

2 や，4 で割って 1 余る素数 p を，

$$p = (a + bi)(a - bi)$$

と分解したときの $a + bi$ や $a - bi$ はガウス素数です。そして，4 で割って 3 余る素数 p は分解しないので，p 自身がガウス素数です。

　ガウス整数は，単数倍の違いを除いて，ふつうの整数と同じようにひと通りに素因数分解ができます。

$$2 = -i(1 + i)^2, \quad 5 = (1 + 2i)(1 - 2i), \quad \cdots$$

のような分解は，ガウス整数の世界での素因数分解を与えています。2 が $(1 + i)(1 - i)$ と $-i(1 + i)^2$ の 2 通りに分解しているように見えますが，$1 - i = -i(1 + i)$ なので同じ分解です。

　このように，ガウス整数はふつうの整数と同じ性質をもちます。しかし，ガウス整数はふつうの整数より数の世界が広がっているので，得られる数の法則もより広いものになります。

10.3　4 乗剰余の相互法則

　4 乗剰余の法則は，ガウス整数を用いてどのように表されるでしょうか。

ガウス整数の世界における 4 乗剰余は，次のように定義できます。

　　ガウス素数 π で割り切れないガウス整数 α に対して

$$x^4 = \pi\beta + \alpha$$

　　となるガウス整数 x, β が存在するとき，α は π の
　　4 乗剰余であるという。

そしてこのとき，合同式を用いて，

$$x^4 \equiv \alpha \pmod{\pi}$$

と表します。

　証明はできませんが，ガウス整数を用いて，10.1 節で紹介した -3 の 4 乗剰余の法則を書き直すことができます。

　p を 4 で割って 1 余る素数とし，

$$p = a^2 + b^2 = (a + bi)(a - bi) \quad (a \text{ は奇数，} b \text{ は正の偶数})$$

と分解するとします。

　このとき，-3 の 4 乗剰余の法則は次のようにいいかえられ，相互法則が得られます。

-3 が $a + bi$ の 4 乗剰余　　$\iff$　　$a + bi$ が 3 の 4 乗剰余

右の条件は，$a + bi$ が -3 の 4 乗剰余であるといっても同じ意味です。

$$x^4 = 3\beta + a + bi$$

となるガウス整数 x, β が存在することと，

$$x^4 = (-3)(-\beta) + a + bi$$

となるガウス整数 x, $-\beta$ が存在することとは同じ意味です。

　ガウス整数の 4 乗剰余は難しいので，例で意味を説明します。

　$p = 37$ とします。

$$37 = 1^2 + 6^2 = (1 + 6i)(1 - 6i)$$

となります。

$$4^4 = 256 = 37 \cdot 7 - 3$$

であり，37 がガウス整数の世界で $1 + 6i$ で割り切れるので，上の式は

$$4^4 = (1 + 6i)(1 - 6i) \times 7 - 3$$

と表すことができます。よって，-3 は $1 + 6i$ の 4 乗剰余であり，ガウス整数の合同式を用いて，

$$4^4 \equiv -3 \pmod{1 + 6i}$$

と表すことができます。

　一方，

$$1^4 = 3 \cdot (-2i) + 1 + 6i$$

となるので，$1 + 6i$ は 3 の 4 乗剰余です。ガウス整数の合同式を用いて，

$$1^4 \equiv 1 + 6i \pmod{3}$$

と表すことができます。

一般に，q を 4 で割って 3 余る素数とするとき，

$-q$ が $a + bi$ の 4 乗剰余 $\iff$ $a + bi$ が q の 4 乗剰余

が成り立ちます。

このような形にまとめると，4 乗剰余の世界にも相互法則があり，平方剰余の相互法則が一般化できるように思えます。

10.4 プライマリーなガウス素数と 4 乗剰余の相互法則

前節で，p が 4 で割って 1 余り，かつ，q が 4 で割って 3 余る場合の 4 乗剰余の相互法則を紹介しました。

> p と q が 4 で割って 1 余る場合の 4 乗剰余の相互法則はどのようになるのでしょうか。

この節では，p, q は 4 で割ると 1 余る素数とします。p の分解を

$$p = (a + bi)(a - bi) \quad (a は奇数，b は正の偶数)$$

とします。しかし，a の符号のとり方が 2 通りあります。たとえば，

$$5 = (1 + 2i)(1 - 2i) = (-1 + 2i)(-1 - 2i)$$

のように 2 通りに分解できます。そこで，奇数 a の値をひと通りに定めるため，b が 4 で割り切れるとき，a が 4 で割っ

て 1 余り，そして b が 4 で割ると 2 余るとき，a が 4 で割って 3 余るように a の符号をとります。

このとき，$a + bi$ や $a - bi$ を**プライマリー**なガウス素数とよびます。

$p = 5,\ 13,\ 17,\ 29$ をプライマリーなガウス素数の積に分解すると，それぞれ，

$$5 = (-1 + 2i)(-1 - 2i), \quad 13 = (3 + 2i)(3 - 2i)$$
$$17 = (1 + 4i)(1 - 4i), \quad 29 = (-5 + 2i)(-5 - 2i)$$

となります。

p をプライマリーなガウス素数の積に分解し，

$$p = (a + bi)(a - bi) = \pi\overline{\pi}$$

とおきます。q も同様にプライマリーなガウス素数の積に分解し，$q = \lambda\overline{\lambda}$ とおきます。

ガウスは試行錯誤ののち，相異なるプライマリーなガウス素数 π, λ に対し，

$$\left(\frac{\lambda}{\pi}\right)_4 = (-1)^{\frac{p-1}{4} \cdot \frac{q-1}{4}} \left(\frac{\pi}{\lambda}\right)_4$$

が成り立つことを示しました。平方剰余の相互法則

$$\left(\frac{q}{p}\right) = (-1)^{\frac{p-1}{2} \cdot \frac{q-1}{2}} \left(\frac{p}{q}\right)$$

と同様の法則が成り立ちます。

$$\left(\frac{\alpha}{\pi} \right)_4$$

は，4 乗剰余記号とよばれています。4 乗剰余記号は値を
± 1，$\pm i$ にとり，ガウス整数 α がガウス素数 π で割り切れ
ないとき，

$$\left(\frac{\alpha}{\pi} \right)_4 \equiv \alpha^{\frac{p-1}{4}} \pmod{\pi}$$

により定義されます。

　このような形にまとめると，4 乗剰余の相互法則が平方剰
余の相互法則の美しい一般化として見えてきます。じつは，
3 乗剰余にも同様の美しい公式があります。

10.5　黄金定理のその先へ

　黄金定理をめぐる私たちの旅も終着点に近づいてきました。
これまでの流れを簡単に振り返り，黄金定理のその後に触れ
ます。

　ガウスは，黄金定理

$$\left(\frac{p}{q} \right)\left(\frac{q}{p} \right) = (-1)^{\frac{p-1}{2} \cdot \frac{q-1}{2}}$$

を発見し，証明します。ガウスが優れているのは，p と q の
素数の関係を表す公式の背後に，深い数学の世界を見出して
いたことです。このような深い数学の世界の例として，4 乗
剰余の世界を垣間見ました。

　数論の発展には，つねに新しい数学の世界との出会いがあります。平方剰余の相互法則から 4 乗剰余の相互法則を求めようとすると，ガウス整数という整数の世界に入らなければその本質が見えてきませんでした。また，3 乗剰余の相互法則では，アイゼンシュタイン整数とよばれている，

$$a + b\omega \quad (a, b \text{ は整数}), \quad \omega = \frac{1 + \sqrt{3}\,i}{2}$$

という新しい整数の世界が必要になります。

　ガウス整数やアイゼンシュタイン整数は**代数的整数**とよばれ，その一般的な理論が構築されていきます。

　ガウス整数では，ふつうの整数と同じように足し算，引き算，かけ算ができ，自然に素数が定義されました。それがガウス素数です。そして，ガウス整数は単数倍の違いを除いて，ひと通りにガウス素数の積に分解できました。アイゼンシュタイン整数でも同様です。

　しかし，同じような代数的整数の世界でも，

$$a + \sqrt{5}\,i \quad (a, b \text{ は整数})$$

という整数の世界では，また新たな世界に出会うことになります。この整数の世界においても素数が考えられますが，これまでと異なるのは，素因数分解がひと通りではないという事実です。

　たとえば 6 は，

$$6 = 2 \cdot 3 = (1 + \sqrt{5}\,i)(1 - \sqrt{5}\,i)$$

と分解できます。2, 3, $1 + \sqrt{5}\,i$, $1 - \sqrt{5}\,i$ は，これ以上分

解できないという意味で，この整数の世界の素数です。つまり，素因数分解がひと通りでないという現象が現れてきます。

　フェルマーやオイラーが 2 次形式 $x^2 + 5y^2$ の表す数の素因数の法則を探ろうとしたときに，$x^2 + y^2$ や $x^2 + 2y^2$，$x^2 + 3y^2$ などの場合とようすが違うことに戸惑った背後には，このような事情があったのです。

　数論の世界で素因数分解がひと通りにできないことは，数学の理論を作るのを困難にします。このことを克服するために，デデキントによって，イデアルという概念が考え出されます。詳しくは説明できませんが，イデアルは数の集合です。整数の場合，イデアルは倍数の集合です。

　このイデアルにかけ算が定義でき，素イデアルが定義されます。素イデアルを考えると，$a + b\sqrt{5}\,i$ のような代数的整数の世界でも，素イデアルの分解がひと通りにできることが示されます。

　$i,\ \omega = \dfrac{1 + \sqrt{3}\,i}{2}, \sqrt{5}\,i$ などは 2 次方程式の解になる数です。このような 2 次方程式の解を使って表される

$$s + ti \quad (s,\ t \text{は有理数})$$
$$s + t\omega \quad (s,\ t \text{は有理数})$$
$$s + t\sqrt{5}i \quad (s,\ t \text{は有理数})$$

などの数の集合を 2 次体といい，この中で四則演算が定義できます。相互法則の証明のところで，円分体ということばに出会いましたが，これは $x^n = 1$ の複素数の解によって定義される体です。

そして, 一般の n 次方程式の解を使って, 同じように四則計算が定義できる代数体とよばれる数の集合が定義されます。このような代数体の中で, 代数的整数が考えられ, 素イデアルが考えられます。

ガウス整数の世界で, 4 で割って 1 余る素数が 2 つのガウス素数に分解されたように, 2 次体や円分体では素数の（素イデアルによる）分解の法則が合同式で表現されることがわかっています。この法則は高木貞治によって, 代数体のアーベル拡大における素イデアルの分解法則に一般化されています。**類体論**とよばれています。平方剰余の相互法則は, 類体論という数論の鉱脈の一表面が最初に姿を現したものといえるでしょう。

さらに, 類体論を超えた世界のようすも徐々にわかってきています。保型形式とよばれる分野や, あるいは楕円曲線とよばれる $y^2 = x^3 + ax + b$ のような曲線の世界も, 重要な分野になっています。そして, これらの数学が一体となって, 数論の壮大な世界を形作っています。

ディオファントスに端を発した数の理論の流れは, フェルマー, オイラー, ラグランジュ, ルジャンドルなどの数学者によってしだいに大きな流れになり, ガウスの研究という大河に流れ込みました。そしてこの大河は, 19 世紀, 20 世紀の多くの数学者の努力によって, 数論の大海へとつながっていきます。

ガウスは「数論は数学の女王である」といいました。数論は現在も代数学, 解析学, 幾何学など, 数学のあらゆる分野と深く関係しながら発展しています。

本書では, ガウスの研究という大河のほんの入り口まで紹

介してきました。数論の深さと広がりの一端を少しでも感じとってもらえたなら幸いです。

おわりに

ガウスは，こう書いています。

　少なくとも予に於ては高等整数論の研究は今もこの
　後も数学中最上のもので，如何程美しい天文学上の
　発見でも高等整数論が与える喜びに比べれば言うに
　足らないのである。　　　　　　　　　　（[23] より）

本書に登場した数学者たちが求めたものとは，何だったの
でしょうか。最後に，このことについて述べてみたいと思い
ます。

　ピタゴラスは，$a^2 + b^2 = c^2$ を満たす自然数 a, b, c が，
直角三角形の 3 辺を作ることを発見しました。きわめて美し
い関係です。そして，$a^2 + b^2 = c^2$ を満たす互いに素な自然
数 a, b, c についても，a, b のどちらかが 4 の倍数である，
c が 4 で割って 1 余る数であるなど，いくつかの性質が秘め
られています。

　平方数の作る数の世界の中に，心惹かれる何かが存在する
のではないかと察することができます。

　ディオファントスは，「与えられた平方数を 2 つの平方数に
分ける」問題を考え，「2 つの平方数の和として表される素数
と表されない素数があり，ここに興味深い法則がある」ことを
見出しました。ディオファントスの著作を読んだフェルマー
は，「p が 4 で割って 1 余る素数であることと，$p = x^2 + y^2$

のように平方数の和で表せることが同値である」ことを見出し、さらに「8 で割って 1 または 7 余る素数は $x^2 - 2y^2$ と表される」や「3 で割って 1 余る素数は $x^2 + 3y^2$ と表される」などの性質を発見しています。

ディオファントスやフェルマーは、平方数と素数の間にある法則に強く惹かれ、それらの中にある真理を追究したものと思われます。

オイラーも、フェルマーが書き残さなかったこれらの現象の証明を考え、さらに一般に、$x^2 - ay^2$ が表す素数や素因数の関係を追究し、これらの中に秘められた真実を追い求めます。そして、平方剰余の相互法則に到達しました。

ガウスは、独立に平方剰余の相互法則の第 1 補充法則を発見し、『数論研究』の序文で「私はその真理自体にもこの上もない美しさを感じたが、そればかりではなく、それはなおいっそうすばらしい他の数々の真理とも関連があるように思われた」と述懐しています。さらに、「このような研究の魅力にすっかり取り付かれてしまい、もう立ち去ることはできなかった」と書いています。そして、自ら黄金定理とよんだ平方剰余の相互法則を見出し、7 つもの証明を考えました。「この現象の奥に何かすばらしい未知の法則が秘められている」という思いは、数学を研究する原動力になります。彼らが追い求めたのは、素数と平方数の現象の奥に秘められた相互法則の真の姿だったといえます。

ガウスはさらに深い真理を求めようと、ふつうの整数の世界を飛び出して、複素数 i が定めるガウス数体に到達しました。そしてガウスは $x^n = 1$ の解が定める円分体も視野にとらえていました。それはガウス以後、クンマー、デデキント

252

などの数学者によって形あるものとなり，代数体の整数論が
築かれていきました。

　代数体について優れた研究をしたダヴィット・ヒルベルト
（1862–1943）は，自身の研究をまとめた『数論報文』の序
文で，次のように述べています。

　　代数的整数論の諸理論の中で，最も豊麗につくられ
　ている部分はアーベル体，さらに一般に，代数体の
　アーベル拡大体に関する理論であると私は考えるが，
　この理論をわれわれに開示したものは，クンマーに
　よる高次の相互法則の研究であり，そして，クロネッ
　カーによる楕円関数の虚数乗法の研究であった。こ
　れら二人の数学者たちの研究によって，この理論に
　対する深い洞察が可能になった。それによれば，わ
　れわれは，…… そこに埋まっている貴重な宝がい
　まだ豊富に存在すること，そしてそれらの宝の価値
　を理解し，それらに対する愛をもって作業にはげむ
　ものには豊かなむくいが用意されているということ
　を知るのである。　　　　　　　　　　（[20] より）

　このような世界にある豊かで美しい相互法則を見出したい
という思いから，多くの数学者が情熱を注いできました。そ
してその夢は，高木貞治の類体論によって成し遂げられたの
です。

　彌永昌吉編『数論』（岩波書店）の序文に，次のように書か
れています。

数論には，古くからの問題でありながら，今日も未解決のものが少なくない。その意味で，多くの神秘を蔵する分野であるが，他方，そこで展開される類体論のような，世にも美しい理論がある。

　数の世界を追究することは，そこに秘められた美しい法則を明らかにしたいという情熱に動かされることによってなされてきました。今も，そしてこれからも，数学者たちのその姿は変わることはないはずです。

関連図書

本書を執筆するにあたって，以下の文献を参考にしました。
とくに相互法則に関する歴史の記述や数学者の生涯について，これらの多くの本を参照しました。

各著者の方々に，多大なる感謝を申し上げます。

[1] フェルマーを読む；足立恒雄；日本評論社（1986）

[2] フェルマーの大定理；足立恒雄；日本評論社（1984）

[3] ガウスの生涯；ダニングトン；銀林浩他訳；東京図書（1976）

[4] History of the Theory of Numbers；Dickson：AMS Chelsea Publishing（1966）

[5] The Euler Archive（http://eulerarchive.maa.org/）

[6] Galois Theory；Jean-Pierre Escofier；Springer（2001）

[7] 数学の女王；Jay R.Goldman；鈴木将史訳；共立出版（2013）

[8] 数学のアイデア；ハッル；山下純一訳編；東京図書（1978）

[9] オイラーの定数 ガンマ；Julian Havil；新妻弘監訳；共立出版（2009）

[10] ガウス 整数論への道；加藤明史；現代数学社（2009）

[11] カッツ 数学の歴史；カッツ；上野健爾・三浦伸夫監訳；共立出版（2005）

[12] 19世紀の数学 整数論；河田敬義；共立出版（1992）

[13] 13歳の娘に語る ガウスの黄金定理；金重明；岩波書店

（2013）

[14] 平方剰余の相互法則；倉田令二朗；日本評論社（1992）

[15] ガウスの数論世界をゆく；栗原将人他；数学書房（2017）

[16] ガウスと相互法則；栗原将人；数学セミナー 2017 年 7
月号・8 月号

[17] 相互法則の歴史について；クロネッカー；クロネッカー
全集 II；高瀬正仁訳（ [30]）

[18] Reciprocity Laws：From Euler to Eisenstein； F.
Lemmermeyer：Springer（2010）

[19] メルツバッハ & ボイヤー 数学の歴史 I；メルツバッハ・
ボイヤー；三浦伸夫・三宅克哉監訳；久村典子訳；朝倉
書店（2018）

[20] ヒルベルト；C. リード，彌永健一訳；岩波書店（1972）

[21] フェルマーの系譜；W. シャーラウ・H. オボルカ；志
賀弘典訳；日本評論社（1994）

[22] 初等整数論講義 第 2 版；高木貞治；共立出版（1971）

[23] 近世数学史談；高木貞治；岩波文庫（1995）

[24] ガウスの遺産と継承者たち；高瀬正仁；海鳴社（1990）

[25] ガウス 整数論；ガウス；高瀬正仁訳；朝倉書店（1995）

[26] ガウスの数論；高瀬正仁；ちくま学芸文庫（2011）

[27] ガウス 数論論文集；ガウス；高瀬正仁訳；ちくま学芸
文庫（2012）

[28] ガウスの《数学日記》；ガウス；高瀬正仁訳；日本評論
社（2013）

[29] 数の理論；ルジャンドル；高瀬正仁訳；海鳴社（2007）

[30] 無限解析のはじまり；高瀬正仁；ちくま学芸文庫（2009）

[31] 数論；A. ヴェイユ；足立恒雄・三宅克哉訳；日本評論

社（1987）

[32] 素数物語；中村滋；岩波科学ライブラリー（2019）

相互法則については，他にも多くの著作があります。本書を読まれて，さらに相互法則のことについて知りたいと思われる方は，それらを読んでいただければと思います。

[13] 13歳の娘に語る ガウスの黄金定理（金重明，岩波書店）

は本書と併せて読まれると，本書の内容を深められると思います。歴史的な背景とともに，相互法則が語られています。

数論への招待；加藤和也；丸善出版（2012）

は平方剰余の相互法則，類体論などについて，高度な内容が非常にわかりやすく解説されています。

証明も含めて，平方剰余の相互法則を勉強したい読者は初等数論の本を読んでください。代表的なものとしては，

[22] 初等整数論講義（高木貞治，共立出版）

があります。また

素数と2次体の整数論；青木昇；共立出版（2012）

はわかりやすく書かれています。

[15]　ガウスの数論世界をゆく（栗原将人他，数学
　書房）

はガウス周期，4乗剰余などについて，詳しく丁寧に解説さ
れています。

　[7]　数学の女王（Jay R.Goldman，鈴木将史訳，
　共立出版）

はフェルマー以後の数論について，歴史的な叙述のなかで数
論が解説されていて，ガウスの数論に関連して，平方剰余の
相互法則，ガウス和，2次形式，4乗剰余についても詳しく
書かれています。また，その後の発展についても読みやすく
紹介されています。

　数論入門事典；加藤文元・砂田利一編；朝倉書店
　（2023）

は数論全般のさまざまな話題について解説されています。本
書で解説した事項についても簡潔な記述があります。
　類体論を創始した高木貞治の伝記については，

　高木貞治　近代日本数学の父；高瀬正仁；岩波新書
　（2010）

をご覧ください。

さくいん

【ま・や・ら行】

N.D.C.412　　265p　　18cm

ブルーバックス　B-2243

ガウスの黄金定理
平方剰余の相互法則で語る数論の世界

2023年10月20日　第1刷発行

著者	西来路文朗（さいらいじふみお）
	清水健一（しみずけんいち）
発行者	髙橋明男
発行所	株式会社講談社
	〒112-8001　東京都文京区音羽2-12-21
電話	出版　03-5395-3524
	販売　03-5395-4415
	業務　03-5395-3615
印刷所	（本文印刷）株式会社新藤慶昌堂
	（カバー表紙印刷）信毎書籍印刷株式会社
本文データ制作	藤原印刷株式会社
製本所	株式会社国宝社

ISBN978-4-06-533542-0

発刊のことば

科学をあなたのポケットに

　二十世紀最大の特色は、それが科学時代であるということです。科学は日に日に進歩を続け、止まるところを知りません。ひと昔前の夢物語もどんどん現実化しており、今やわれわれの生活のすべてが、科学によってゆり動かされているといっても過言ではないでしょう。

　そのような背景を考えれば、学者や学生はもちろん、産業人も、セールスマンも、ジャーナリストも、家庭の主婦も、みんなが科学を知らなければ、時代の流れに逆らうことになるでしょう。

　ブルーバックス発刊の意義と必然性はそこにあります。このシリーズは、読む人に科学的に物を考える習慣と、科学的に物を見る目を養っていただくことを最大の目標にしています。そのためには、単に原理や法則の解説に終始するのではなくて、政治や経済など、社会科学や人文科学にも関連させて、広い視野から問題を追究していきます。科学はむずかしいという先入観を改める表現と構成、それも類書にないブルーバックスの特色であると信じます。

一九六三年九月

野間省一

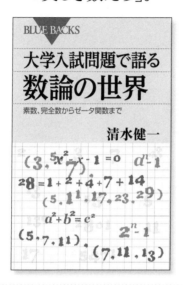

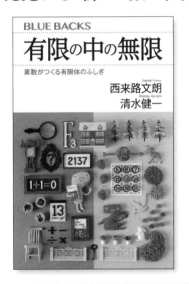